装备科技译著出版基金

航空复合材料力学

Mechanics of Aeronautical
Composite Materials

［法］克里斯托夫·布韦（Christophe Bouvet） 著

滕英元 译

国防工业出版社

·北京·

著作权合同登记　图字：01-2022-6249 号

Translation from the English Language edition：
Mechanics of Aeronautical Composite Materials by Christophe Bouvet
ISBN 978-1-78630-114-7
Copyright © 2017 John Wiley & Sons, Inc.
All Rights Reserved. This translation published under license with the original publisher John Wiley & Sons, Inc. No part of this book may be reproduced in any form without the written permission of the original copyrights holder. Copies of this book sold without a Wiley sticker on the cover are unauthorized and illegal.

本书中文简体中文字版专有翻译出版权由 John Wiley & Sons, Inc. 公司授予国防工业出版社。未经许可，不得以任何手段和形式复制或抄袭本书内容。
本书封底贴有 Wiley 防伪标签，无标签者不得销售。
版权所有，侵权必究。

图书在版编目（CIP）数据

航空复合材料力学／（法）克里斯托夫·布韦（Christophe Bouvet）著；滕英元译 . —北京：国防工业出版社，2023.9
书名原文：Mechanics of Aeronautical Composite Materials
ISBN 978-7-118-12977-9

Ⅰ.①航… Ⅱ.①克… ②滕… Ⅲ.①航空材料-复合材料力学　Ⅳ.①V25

中国国家版本馆 CIP 数据核字（2023）第 160126 号

※

国防工业出版社出版发行
（北京市海淀区紫竹院南路 23 号　邮政编码 100048）
三河市腾飞印务有限公司印刷
新华书店经售

＊

开本 710×1000　1/16　插页 1　印张 15¼　字数 268 千字
2023 年 9 月第 1 版第 1 次印刷　印数 1—1500 册　定价 128.00 元

（本书如有印装错误，我社负责调换）

国防书店：(010) 88540777　　书店传真：(010) 88540776
发行业务：(010) 88540717　　发行传真：(010) 88540762

译 者 序

《航空复合材料力学》（Mechanics of Aeronautical Composite Materials）完整阐述了复合材料断裂准则和分级准则等基本理论，特别针对航空标准，深入描述了限定载荷、极限载荷、撞击损伤等概念。书中融入航空尺度特征，对屈曲、带孔板、多螺栓接头、撞击等都做了详细描述，重点是将复合材料力学行为与航空设计理念与应用完美结合。

原著展示了许多典型的航空案例，这些案例足以说明航空复合材料应用的多样性和复杂性，对现代航空领域中的实际问题的分析和理解有很大借鉴和帮助。原著深入浅出、图文并茂，是关于复合材料力学理论与实践的综合著作。本书中原图的彩色版本可在 www.iste.co.uk/bouvet/aeronautial2.zip 进行查阅。

原著作者克里斯托夫·布韦教授是法国航空研究院的专家，目前在法国图卢兹高等航空航天学院和克莱门特·阿德勒研究所工作。克里斯托夫·布韦教授与法国空客公司有着长期的合作关系，并长期从事航空复合材料理论及结构工程应用方面的研究，在数值建模模拟、力学性能测试、有限元建模分析、材料的表征等方面有很深的造诣，发表专著5部，论文170多篇，其文献引用数量达到2900多次，是现代航空领域的权威专家，研究成果在国内外受到广泛关注。本书就是他在空客公司工作实践的经验积累和总结，在业内具有很高的声誉。克里斯托夫·布韦教授的这部著作是一本值得所有热衷于研究航空复合材料力学的人学习的好书。译者尽自己所能翻译作者的思想，以真实地反映作者所著的深刻内涵，如有因我的理解错误而产生译文不当或谬误之处，请读者不吝赐教。

在本书翻译过程中，我得到了沈阳航空航天大学航空宇航学院的鼎力支持。我的学生张瑞恩、褚佳伟，以及张艳艳老师等在翻译初期做了一些辅助工作，我的儿子滕飞博士以及夫人金英女士也分别审看了部分译稿。对于以上各位给予的有价值的帮助，在此表示衷心的感谢。此外，国防工业出版社肖志力女士和崔艳阳女士在本书翻译以及编辑过程中也给予了许多帮助，谨在此一并致谢。

滕英元

2023 年 1 月 15 日夜

于辽宁沈阳汇宝国际花园

序

当年轻的同事把他的手稿交给我校对,并让我写几句话作为序言时,尽管前言和标题已经足够展示这本书的内涵,我还是欣然接受了。

现在有很多关于复合材料的书,而这本书的独创性来自它的目标,该目标就是针对由复合材料制成的飞机结构。为此,孔结构及多螺栓接头的计算、损伤容限的主题,以及由此所带来的系列相关问题和当前使用的计算方法等得以一并呈现。这两条主线在其他文献中很少出现,然而它们对于执行准确和现实的尺寸调整至关重要,因为它们通常对给定的结构控制其阻力,从而控制其尺寸。

本书涵盖了围绕复合材料结构的所有经典概念,理论公式简明扼要,没有刻意的冗长,从而把重点置于力学本质上。在研究准则时,另一个关键点是初次损伤和最终断裂之间的差异非常清晰,这对于实现结构优化并进行实际计算至关重要。这是复合材料计算的另一个重要方面,尽管如此,文献中却鲜有提及。

最后,围绕所有研究主题给出了一些练习题,并给出了完整和详细的解答。这些练习题及解答将使读者更容易理解和吸收所呈现的主题。毫无疑问,这也是本书最重要的特色之一,因为在其他书籍中很少包含如此多的例子。

我推荐阅读本书,因为它使用简洁和精确的方式为设计和确定复合结构分级提供了必要的基础。

让-雅克·巴劳
保罗萨巴蒂尔大学前教授
法国图卢兹

前 言

这本关于航空复合材料力学结构的教程,目的是介绍复合材料结构中广泛使用的复合材料层压板的分级准则。首先,本书简要介绍了飞机结构中采用的主要材料,阐述了在薄膜行为和弯曲行为载荷作用下的层合板的基本理论及其相关的断裂准则;其次,详细阐释了单向层合板 UD 的断裂,以证明其复合材料本身的复杂性和所用准则的局限性;最后,介绍了两种基本结构的计算,即带孔板和多螺栓连接屈曲。

针对航空标准,本书提出了限定载荷和极限载荷的概念,还介绍了航空特有的损伤容限的概念,特别是冲击损伤容限的概念。这些概念是理解飞机复合材料结构分级准则的基础。

练习题及解答可以让好奇的读者测试他们对不同主题的理解。这些练习和解答是确定飞机复合材料结构分级准则的典型测试,工程师还会看到这些测试类似于他们所研究的案例进行的实际训练。本书用电子表格的方式详细地介绍了计算方法,以供查阅(下载地址 www.iste.co.uk/bouvet/aeronautical2.zip)。

本书主题的独到之处在于,非常明确地将内容定位于航空领域,在该领域中分级准则非常具体。以带孔板和多螺栓接头的计算为例,这是复合材料飞机结构的典型情况,但文献中并不常涉及。尽管如此,本书中的概念对于大多数工业目的也仍然有效。

本书的一个创新之处是展示了许多典型的航空计算实例,这些例子足以说明复合材料层压板尺寸的更多复杂性。读者也可以使用提供的电子表格轻松地进行计算。

本书汇集了理解飞机复合材料结构分级所需的许多概念,应该会引起在该领域工作的工程师的兴趣。

我们还将注意到,航空领域不是唯一对使用复合结构感兴趣的领域,其他如汽车、铁路或土木工程（桥梁等）等领域，也越来越多地使用复合材料结构。当涉及复合材料结构分级时，航空领域应该具有优先权，注意到这些方法将在未来几年广泛应用于其他领域。

克里斯托夫·布韦

2017 年 6 月

目 录

绪论 ·· 1

第1章 航空单向复合材料介绍 ·· 4
1.1 引言 ··· 4
1.2 碳/环氧树脂复合材料 T300/914 ·· 4
1.3 聚合物 ··· 8

第2章 单向层的特性 ·· 16
2.1 单向层的应力状态 ·· 16
2.2 沿 l 方向拉伸试验 ·· 17
2.3 沿 t 方向的拉伸试验 ·· 18
2.4 剪切试验 ·· 19
2.5 一般情况 ·· 20

第3章 单向层复合材料在给定方向的特性 ···································· 25
3.1 偏轴拉伸试验 ·· 25

第4章 复合材料层合板的断裂 ·· 34
4.1 单向层的断裂 ·· 34
4.1.1 纵向拉伸 ··· 34
4.1.2 纵向压缩 ··· 36
4.1.3 横向拉伸 ··· 38
4.1.4 横向压缩 ··· 39
4.1.5 面内剪切 ··· 40
4.2 层合板的断裂 ·· 41

第5章 单向层的断裂准则 ·· 44
5.1 最大应力断裂准则 ·· 44
5.2 最大应变断裂准则 ·· 48

 5.3 希尔准则 ··· 51
 5.4 蔡-吴准则 ··· 57
 5.5 山田善准则 ·· 61
 5.6 结论 ·· 62

第6章 复合材料层合板的薄膜行为 ··· 63
 6.1 概述和符号标记 ·· 63
 6.2 层合板的薄膜行为、弯曲行为和镜像对称 ························· 64
 6.3 合成力 ·· 67
 6.4 位移场、应力场和应变场 ··· 68
 6.5 拉伸/剪切耦合 ·· 71

第7章 复合材料层合板的弯曲行为 ··· 82
 7.1 符号规定 ··· 82
 7.2 合成力矩 ··· 82
 7.3 位移场、应力场和应变场 ··· 84
 7.4 弯曲/扭转耦合 ·· 89

第8章 层合板的断裂准则 ··· 97
 8.1 分级准则 ··· 97
 8.2 复合材料结构测试 ··· 98
 8.3 分级原则 ··· 100
 8.4 给定载荷和给定结构的分级 ·· 100
 8.5 给定载荷下的结构优化 ·· 110

第9章 损伤容限 ·· 116
 9.1 损伤容限原则 ·· 116
 9.2 撞击时的损伤和撞击后的压缩 ·· 120
 9.3 撞击损伤容限的分级 ··· 123

第10章 层间和面外切应力 ·· 125
 10.1 交叉层层合板的拉伸$[0°, 90°]_s$ ···································· 125
 10.2 交叉层$[45°, -45°]_s$层合板的拉伸 ································ 126
 10.3 面外切应力 ·· 128

第 11 章　有孔板和带螺栓板 ……………………………………………… 130
　11.1　有孔复合材料板的计算 ………………………………………… 130
　11.2　多螺栓复合材料接头的计算 …………………………………… 138
第 12 章　屈曲 ……………………………………………………………… 146
　12.1　关于梁屈曲的回顾 ………………………………………………… 146
　12.2　承压板的屈曲 ……………………………………………………… 147
　12.3　剪切载荷作用下的板屈曲 ………………………………………… 151
第 13 章　复合材料铺设的综合规则 ……………………………………… 154
第 14 章　练习题 …………………………………………………………… 156
　14.1　单向复合材料特性的试验测定 …………………………………… 156
　14.2　层合板的断裂 ……………………………………………………… 157
　14.3　剪切模量 …………………………………………………………… 158
　14.4　铺层顺序的优化 …………………………………………………… 159
　14.5　复合材料薄壁筒 …………………………………………………… 159
　14.6　无须计算确定层中特性 …………………………………………… 160
　14.7　弯曲夹心梁 ………………………………………………………… 161
　14.8　层合板受压 ………………………………………………………… 163
　14.9　扭转/内压作用下的薄壁筒 ……………………………………… 165
　14.10　用应变断裂准则优化织物 ……………………………………… 165
　　14.10.1　第 1 部分：引言 …………………………………………… 166
　　14.10.2　第 2 部分：准各向同性铺层顺序 ………………………… 166
　　14.10.3　第 3 部分：铺层顺序优化 ………………………………… 167
　　14.10.4　第 4 部分：弯曲下的铺层顺序优化 ……………………… 167
　14.11　开孔拉伸试验 …………………………………………………… 167
　14.12　多螺栓复合材料接头 …………………………………………… 170
第 15 章　练习题解答 ……………………………………………………… 171
　15.1　单向复合材料特性的试验测定 …………………………………… 171
　15.2　层合板的断裂 ……………………………………………………… 177
　15.3　剪切模量 …………………………………………………………… 181
　15.4　铺层顺序优化 ……………………………………………………… 184

15.5 复合材料薄壁筒 ………………………………………… 187
15.6 无须计算确定层中特性 …………………………………… 193
15.7 弯曲夹心梁 ………………………………………………… 194
15.8 层合板受压 ………………………………………………… 202
15.9 扭转/内压下的薄壁筒 …………………………………… 210
15.10 用应变断裂准则实现纤维优化 ………………………… 212
　　15.10.1 第1部分：引言 ………………………………… 212
　　15.10.2 第2部分：准各向同性铺层顺序 ……………… 214
　　15.10.3 第3部分：铺层顺序优化 ……………………… 217
　　15.10.4 第4部分：弯曲下的铺层顺序优化 …………… 218
15.11 开孔拉伸试验 …………………………………………… 220
15.12 多螺栓复合材料接头 …………………………………… 223

参考文献 ……………………………………………………… 230

绪　论

复合材料优越的性能与质量比，使其在工业领域中得到越来越广泛的应用。显然，这个应用在航空和航天领域更是如此，因为在这个领域中，人们对结构的质量有更高的关注度（图 I.1）。复合材料这种优越的性能与质量比是因为人们使用了具有特殊力学性能的材料，如碳、玻璃或凯夫拉尔纤维等。然而，这种类型的材料有个主要缺点，那就是极易发生脆断，所以在使用时，需要与不易脆断的材料（如环氧树脂）结合使用，这就是复合材料的基本概念。它将抗脆材料（通常采用不同长度的纤维，这取决于具体应用需要）与性能不强但具有较强抗力的基体（通常是环氧树脂）结合在一起。需要明确指出的是，两种类型材料之间会出现一个界面，该界面在复合材料的行为中起着重要作用。

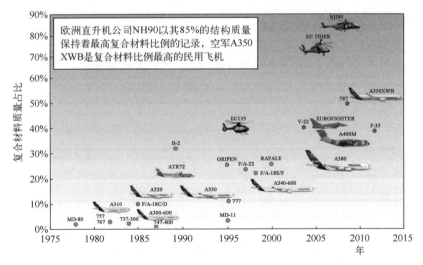

图 I.1　飞机结构中复合材料的质量占比，数据来自空客公司和其他一些公司（http://www.airbus.com/）

复合材料的结构因此比标准的均质材料（如金属材料）更复杂，并且需要一种全新的组成设计方法。复合材料设计是指在材料组成设计的同时还需要对结构进行设计，这是金属结构和复合材料结构设计之间最根本的区别。这种复合材料设计需要对几何形状进行传统的反复设计，还要对材料组成本身进行反复设计，这两种类型的反复设计当然是有内在联系的。在实践中，除了决定复合材料结构的几何形状外，还要对铺层顺序和制造工艺做出选择。

大多数复合材料显示出很重要的各向异性，这意味着复合材料的性能是有取向性的，沿不同的方向，其性能是不同的，具体性能则取决于所考虑的具体方向。当复合材料以单向纤维的形式出现时，纤维都是沿着同一方向，当然，复合材料在沿着纤维方向上所表现的性能会更好。而且，在通常情况下，由于根据纤维的方向性让其承受实际不同的载荷，纤维的取向可以实现材料的定制，为适应实际发生的工况，可做更好的选择。纤维方向的这种优化选择，可以带来质量效益，从而实现更优越的性能与质量比。尽管如此，这一优势仍需要完善纤维与外部载荷方向上的优化过程，这也取决于结构的几何形状，这就是材料和结构必须一起设计的原因。

复合材料结构的另一个重要性，是使得一次性获得复杂形状构件成为可能，如使用逐层生产工艺以及模具、反凸模具或烘干的预制件等，其优点是可以通过减少螺钉或铆钉的数量来降低结构组成的质量和复杂性。例如，以美国洛克希德公司生产的 Tristar 飞机的尾翼为例，采用传统的经典结构，它由 175 个元件和 40000 个铆钉组成；而采用复合材料结构，则只由 18 个元件和 5000 个铆钉组成[27]。这再一次表明，复合材料可以实现减少零件和装配元件的数量，相应地减少结构质量，但同时也需要更复杂的设计过程，迫使我们把几何结构和材料设计整合在一起。

然而，尽管复合材料具有优越的性能与质量比，但其主要缺点之一是制造过程的价格昂贵。例如，包括环氧树脂的保质期，承压炉（高压釜）的价格、树脂注射装置、使用模具和反凸模具成型，甚至非破坏性控制的必要性和评估以保证材料是健康的。所有这些都使生产过程更加复杂，从而提高了价格。

另一个负面因素是复合材料在冲击下显现的脆性，为确保复合材料在受到撞击后的残余强度能够依然符合要求，就需要增大复合材料结构的几何设计尺度，在一定程度上也抵消了其潜在的质量优势。这种脆性也与因撞击损伤的复合材料的维修的复杂性有关，使得这些维修方法可能变得更加复杂，很多常规的维修方法并不适合，需要针对受到撞击的大型结构进行改进，例如波音 787 或空客 A350 等飞机的机身。

本书的目的旨在介绍复合材料结构基本分级准则，特别是在航空领域中使用的尺寸原则。目的是展示简单复合材料结构（例如板）的尺寸，并为工程师提供结构的组成单元，这些单元是在执行和解释有限元代码进行复合材料结构计算时所必需的。真实结构的复杂性使得手动确定这些结构的大小是不可能的，并不像本书中介绍的那样，但是对案例的理解和研究是必要的，其复杂性与对于通过有限元获得的结果的解释，或者只是简单地从试验中得到的结果是一样的。

在开始阅读本书之前，建议读者先了解现有的不同复合材料，如增强材料、树脂以及所使用的半成品，如预浸料，及其这些材料的主要优缺点。实际上，第 1 章中只会介绍一些单向复合材料，而有很多文献书籍在这方面有更深入的阐述，请查阅文献［10-11，15，19-20，27，36］等。

第1章 航空单向复合材料介绍

1.1 引　　言

目前，飞机结构中使用的材料主要有两种，即铝基和碳纤维基复合材料。这两种材料约占波音787等有代表性商用飞机结构质量的70%，如图1.1所示。

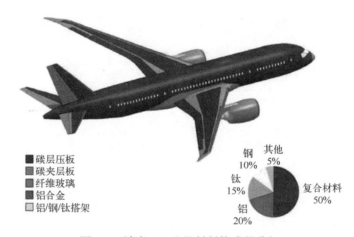

图 1.1　波音787飞机材料构成的分解

结构的其余材料为玻璃纤维基复合材料、夹心层结构（蜂窝夹在两个复合材料板之间）、钛、钢等。

对于波音787或空客A350来说，复合材料的质量约占总质量的50%以上，而更多标准商用飞机，如空客A320或A380，主要由铝合金组成，其质量占比超过了总质量的60%。

1.2　碳/环氧树脂复合材料 T300/914

现在来关注碳/环氧树脂复合材料，这种复合材料目前已经广泛用于飞机结构上，称为 T300/914。名称中的 T300 指的是由 Toray®[39] 公司生产的碳纤维，而 914 是指由 Hexcel®[30] 公司生产的环氧树脂。T300/914 属于第一代碳/环氧树脂复合材料，由 50%体积的碳纤维和 50%体积的环氧树脂组成，采用薄纤维的形式，厚度不超过 1mm，可通过切割和铺层等工艺，以获得所需的复合材料厚度，如图 1.2 和图 1.3 所示。

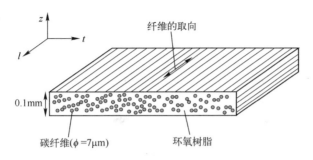

图 1.2　单向碳/环氧树脂复合材料层合板

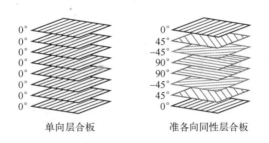

图 1.3　单向层合板和准各向同性层合板

沿着复合材料中纤维的方向（纵向）进行测试，可以观察到纤维复合材料显示出明显的脆性行为和弹性行为，其弹性极限明显低于纤维本身。这是因为添加了大约 50%的环氧树脂，而环氧树脂具有较低的弹性极限，如图 1.4 所示。从力学特性的角度来看，碳纤维确实是非常令人感兴趣的元素，由于碳纤维本身极强的脆性，不易直接加工成型，从而实现人们所需要的几何形状。为了降低材料的脆性，并实现对其进行加工成型，添加环氧树脂是非常必要的。

此外，若材料中出现裂纹，并且当裂纹沿着垂直于纤维方向传播时，会导致大量纤维失效以及纤维脱粘，这时就会有更多的能量耗散，结果将导致复合材料变得不那么脆了，如图 1.5 所示。

实际上，如果允许，裂纹也可能会沿着平行于纤维的方向扩散，这就是为什么还要在其他方向铺设纤维层,以便在各个不同加载方向上实现材料增强的原因(在实践中,可以证明,只要在 4 个方向 0°、+45°、−45° 和 90° 铺层就足够了),这也称为复合材料层合板的情况。层合板的情况不同于单向复合材料,单向复合材料纤维是指仅有一个纤维取向的复合材料,如图 1.3 所示。

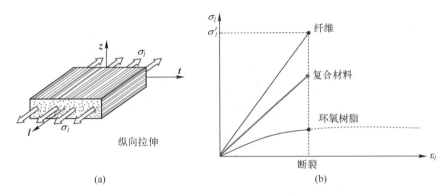

图 1.4　复合材料纵向的拉伸,纤维、树脂和复合材料的力学行为比较

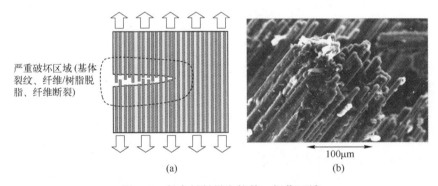

图 1.5　复合材料纵向拉伸:损伤区域

根据密度的差异,可以对结构主要材料的弹性模量和强度进行比较。人们注意到,当把复合材料与金属进行比较时,复合材料的定位非常好,如图 1.6 和图 1.7 所示。陶瓷材料也是很有"诱惑力"的材料,但对于任何结构承载用途来说,陶瓷材料通常脆性太强了。

为了更好地了解复合材料,需要对复合材料的组成成分和微观结构,尤其是环氧树脂,进行细致的观察分析。

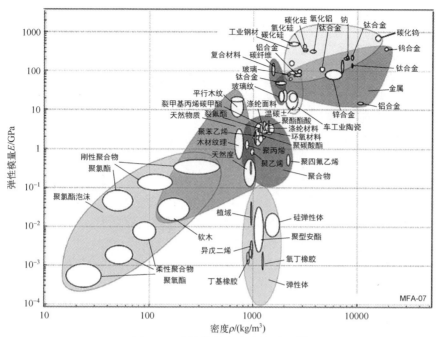

图 1.6 弹性模量与密度的关系[7]

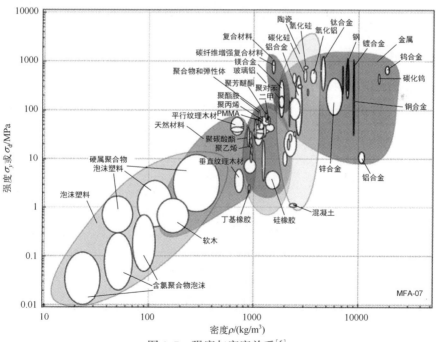

图 1.7 强度与密度关系[6]

1.3 聚 合 物

环氧树脂基体是聚合物家族的一部分,通常称为塑料。塑料一词源自聚合物的力学行为,意思是可以出现塑性变形,即在载荷完全释放后,变形并不会完全恢复到其原始状态。

正如其名称,聚合物是由通过共价键连接在一起的单体链聚合而成的。在本书特定的研究工作中,将研究限定于有机聚合物。请记住,有机聚合物是由生物(植物、蘑菇、动物、微生物)产生的,特别是通过其降解形成的,而无机物或矿物质则是由金属、玻璃、陶瓷、岩石等组成。

因此,有机聚合物是由单体与单体之间通过聚合而成的,每个单体则基于通过碳原子连接在一起,碳-碳共价键很强,可以呈现出很强的力学性能。这些碳-碳共价键是构成聚合物材料骨架的大分子的基础,每个单体也称为大分子。在这些强键之间,亦即这些大分子之间是通过弱键(氢键、范德瓦耳斯键等)作为中介将各个大分子连接在一起。正是因为这些弱键易发生变形,因此导致聚合物可以产生显著的塑性变形。

以聚乙烯为例,如图 1.8 所示,它是最简单、最廉价的聚合物之一。它由乙烯单体($CH_2 = CH_2$)聚合而成,从而产生单体分子长链,如图 1.9 所示。这些长链之间再通过弱键简单地连接在一起,因此获得的力学特性较弱,并且与温度有很大关系。

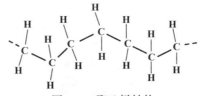

图 1.8 聚乙烯结构

图 1.9 单分子链中聚合物的结构

例如，若根据温度的变化来探究弹性模量的时候，可以得到弹性模量随温度变化的曲线，曲线包含三段典型特征，如图 1.10 所示。对于所研究的材料，显示存在两个不同的特征温度点：一个是它的玻璃化转变温度 T_g（g 表示玻璃，关于玻璃的名称后续将进一步细化分析）；另一个是熔化温度 T_m。低于 T_g 时，材料的行为呈现的是典型的固体材料特征，而超过 T_m 时，实际上呈现的是流体（或多或少的黏性）行为，在两个温度点之间，人们观察到的是橡胶状的力学行为。其特点是刚度非常低，极易发生变形。通常，当温度超过 T_g 时，聚合物尤其对于构成复合材料的环氧树脂，不能用作结构材料。虽然如此，有一些例外情况还需要进一步了解。

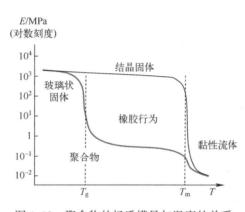

图 1.10　聚合物的杨氏模量与温度的关系

这种类似橡胶的行为之所以成为可能，是因为分子链之间仅存在连接它们的弱键（氢键、范德瓦耳斯键等），因此，在加载时，这些分子链可能趋向重新定向和排列。这种类型的聚合物称为热塑性塑料，因为它的塑性行为取决于温度。

如果想提高聚合物的力学特性，需要在分子链之间强制地生成共价键，从而锁定分子链之间的相对运动，这种现象称为交联，如图 1.11 所示。如果交联程度非常显著，可以将此聚合物描述为热固性聚合物，而在没有这些交联的情况下，称其为热塑性聚合物。热固性术语源于这样一个事实，即这种交联的化学反应是可以被温度激活的，换句话说，温度可以改变材料的硬度。在制造过程中确实如此，而一旦聚合物已经交联，其硬度行为也就不再变化了。

还有第三类聚合物——弹性体，其力学行为介于热固性和热塑性之间的中间行为。弹性体通常指分子间的交联程度较低，这些交联是通过硫基共价键实现的，称其为硫化过程。这些基于硫的二级化学键赋予材料更高程度的弹性，这种弹性通常是非线性的。

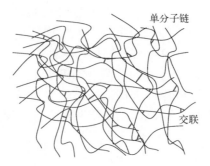

图 1.11 单体分子链之间的二级联接：交联

回到随温度变化的弹性模量，如图 1.12 所示，人们是通过不太明显的玻璃化转变温度（若存在），以及不存在的熔化温度来区别热固性聚合物和热塑性聚合物。玻璃化转变是通过热扰动使弱键之间分离的结果，尽管如此，由于热固性材料呈现高度的交联，这种网格形式的交联将持续提升玻璃化转变温度 T_g，并在 T_g 之后赋予热固性材料良好的力学性能。进一步提高温度，材料将实现热分解，即分解成不同形式的气体和残留物（CO、CO_2、H_2 等）。

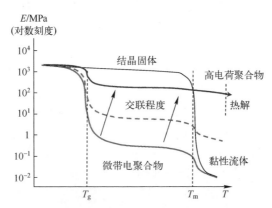

图 1.12 聚合物的弹性模量与温度和交联的关系

从化学角度来看，这种热固性/热塑性差异是由于（根据一阶近似）用于合成聚合物的化学反应类型。热塑性塑料是通过简单的加成或热聚反应（难以产生交联）获得的，而热固性聚合物是通过缩合或缩聚反应（引起许多交联）获得的。人们谈论的聚合反应，通常涵盖了这两种类型的反应。

聚合物网格中交联的存在（或缺乏）完全改变了其力学性能，也改变了制造和再利用的过程。热固性材料在缩聚反应过程中可以一次成型，且仅一次。因此，需要在缩聚反应之前完成成型，之后则不能再次加工成型。回到前面讨论的碳/环氧树脂 T300/914 复合材料（环氧树脂是一种热固性聚合物），目前这种复合材料以薄膜形式呈现，厚度为 0.125mm 或 0.25mm，由大约 50% 的环氧树脂基体和 50% 碳纤维组成，碳纤维的直径约为 7μm，称为预浸渍或预浸料。这个设计过程实际上来自于纤维预先浸渍树脂。这种树脂由单体和固化剂组成，可改善聚合反应。为避免预浸料聚合，要将其在低温下保存（通常保存在-20℃的冰箱中），并且保质期较短（通常不超过 2 年）。将预浸料装配成零件所需的形状，然后对整个物体实施固化。这种固化过程首先要熔化树脂（或更确切地说是降低其黏度），再使其成型。这一阶段特别重要，因为这样可以排出预浸料中出现的任何气泡，特别是预浸料层之间的气泡，以避免最终材料中出现孔隙比（这会导致裂缝，使材料更脆）。为了便于排出这种气泡，通常将热固性化合物放入真空密封袋中，开始时将其密封，然后置于一定压力（5~12Pa）下并加热。为了实现这一点，通常使用高压釜，如图 1.13 所示（基本上是一个大压力锅），其压力必须明显大于正在处理的构件所承受的压力，飞机机翼构造时可能会遇到这样的问题。

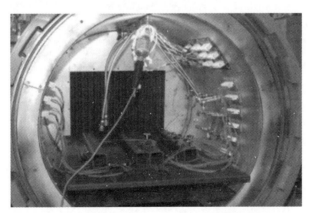

图 1.13　用于固化热固性化合物的高压釜

然后，温度将再次激活聚合反应（在这种情况下为缩聚反应）并使材料固结。如果复合材料再次被加热，则不会发生任何其他事情，除非达到热解温度。因此，不可能对材料进行二次成型或回收利用，如图 1.14 所示。这种无法回收利用以及在短时间内始终保持在低温下的行为是热固性复合材料的主要缺点。

图 1.14　一卷预浸料的照片（照片版权 Hexcel®）

与热固性材料不同，热塑性塑料不存在交联，因此可以通过加热超过熔点轻松重新成型。因此，可以轻松回收，并在室温下长期保存，没有保质期。

热塑性材料的主要缺点是其力学特性比热固性材料差，尽管如此，目前人们还在对它进行各种试验，如图 1.15 所示。如在汽车行业，正在对此进行广泛的研究，期待在航空领域能够取代热固性材料。考虑到热塑性材料可用于热成型或片状模压塑料（SMC），可实现快速大批量生产。相比之下，T300/914 等热固性化合物的典型固化周期约为 2h，而热塑性塑料的热成型固化周期则仅为几分钟。汽车行业通常只能使用热塑性塑料（少数使用热固性材料的高端汽车除外）。

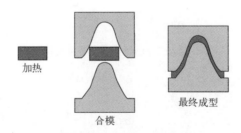

图 1.15　用于热塑性塑料固化和成型的热成型过程（SMC）

尽管如此，人们还是可以通过改变分子链的形态来提高热塑性塑料的力学特性，通过分子链间的简单排列可提高延展方向的刚度。例如，考虑热塑性聚合物的拉伸试验，如图 1.16 所示，观察到典型的三个阶段行为如下：

（1）阶段 1，对应于材料的线弹性。

（2）阶段 2，对应于塑性和颈缩期。继续拉伸，会观察到颈缩（横截面局部变窄）和塑性行为（如果此时释放应力，应变则不会回到其原始状态）。对应于应力稳定区间（应力基本不变），可以观察到颈缩区在试件内的扩展，通常可以观察到最大应变可达 100%~300%。

（3）阶段 3，硬化和分子链断裂。一旦整个试件被拉长，可以观察到力学行为的强烈硬化过程。如果继续拉伸，会看到分子链开始断裂。这个硬化阶段非常有趣，因为可获得比初始材料刚度大得多的材料属性。

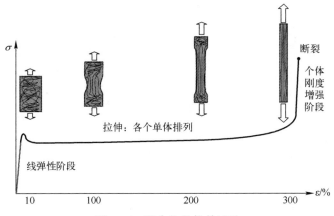

图 1.16　聚合物的拉伸试验

实际上，这种拉伸可以提供纤维或者薄膜在一个或两个方向上拉长（例如，尼龙是在液体形式下通过拉长获得的）。显然，这种技术不能实现所需要的在所有方向上都具有刚性的复合材料基体。

这种分子链的排列也可以在冷却过程中自然获得，这个过程称为结晶。如图 1.17 所示，可以证明，为了使能量最小化，分子会在某些方向上选择性排列，这种排列只有在没有交联的情况下才有可能，而且这仅适用于热塑性塑料。

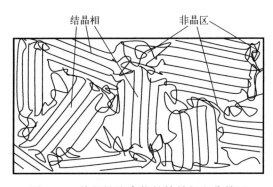

图 1.17　热塑性聚合物的结晶相和非晶区

实际上，结晶化程度（或结晶度），即材料中结晶相所占的比例，在热塑性塑料中可以达到80%~90%，并取决于冷却速率。当冷却速率较低时，这种结晶程度更为重要。换句话说，如果想获得晶体，大分子需要时间来重组。若冷却太快，材料将不会呈现任何特定的形式，结果是一种无定形材料，这种状态也称为玻璃态。这显然是术语"玻璃化转变"的由来，因为当温度高于玻璃化转变温度T_g时，这些结晶体会消失，材料恢复到无定形状态。由于部分结晶相的消失，热塑性塑料的力学特性在温度超过T_g时会降低。

备注：人们家里常用的窗户玻璃是一种玻璃材料（但绝不是聚合物，它主要由二氧化硅组成，显然是无机的）。正是由于无定形状态的存在，它是透明的，因为光线可以穿过它而不会与晶体网格（不存在）相互作用。

为了生产出力学性能更感兴趣的热塑性基质，要选择感兴趣的分子，并创造有利于其结晶的生产过程。现在，再回到弹性模量随温度变化的演变曲线，如图1.18所示。高度结晶的热塑性塑料表现出与热固性材料相似的行为，即都具有较低的T_g。显然，这种热塑性塑料不能在过于接近其熔化温度时使用，以免降低其结晶度并使其恢复到无定形状态。

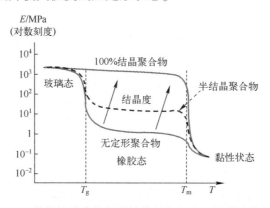

图1.18 热塑性聚合物的弹性模量与温度和结晶度的关系

当前，用于航空领域结构应用的复合材料大部分是基于环氧树脂基体的复合材料，即热固性材料。目前正在考虑使用的两种热塑性基质来替代聚苯硫醚（PPS）基质和聚醚醚酮（PEEK）基质。如前所述，热塑性塑料的优势在于它们易于回收且再利用，以及在常温下可保存而不会过期。另一个优点是可以改进热塑性塑料的延展性。热塑性塑料没有交联，在断裂前更容易变形，因此具有更好的延展性。重申一下，复合材料的主要不便之一是它的脆性，特别是对冲击作用下的影响，而基体更好的延展性可以降低这种脆性。还有一点要记住，材料的延展性可以用断裂韧性来表征，即产生裂纹所需的能量（单位 J/m^2）。显然，断裂韧性越高，裂纹传播所需要的能量就越大，因此材料的脆性越小。

为了比较这三种材料，表 1.1 给出飞机结构中使用的三种主要树脂的比较。在使用表中的这些值时，应该很谨慎，特别是生产成本（取决于供应商和产量），以及力学特性级别（取决于结晶度和温度）。此处给出的值所对应的是在环境温度下，测量到的高度结晶，并在生产过程中实现可控（基本上适用于在良好条件下生产）。

表 1.1 飞机结构中使用的三种主要树脂的比较

	环氧树脂基体（热固性）	PPS 基体（热塑性）	PEEK 基体（热塑性）
密度/(kg/dm^3)	1.29	1.35	1.32
T_g/℃	190	90	143
最高使用温度/℃	110	100	260
T_m/℃	—	285	380
弹性模量 E/GPa	4	3.3	3.3
断裂时的拉应力/MPa	100	50	100
断裂韧性/(J/m^2)	100~500	700	4000
价格/(欧元/kg)	10	10	>100

与环氧树脂相比，PPS 的优势在于其可比成本相当较低，除了断裂韧性要好很多外，其力学特性较差，使用温度也远低于环氧树脂。PEEK 也是替代环氧树脂的很有"诱惑力"的候选者，尽管其价格仍然令人望而却步，可以在温度高达 260℃的条件下使用，并具有与环氧树脂相似的力学特性，但其断裂韧性要比环氧树脂好得多。然而，PEEK 必须被加热到超过其 T_m 后才能成型，使得其更难使用。在实践中，温度大约在 500℃，而环氧树脂则仅需要加热到 190℃左右。因此，在所有复合逻辑的候选材料中，一旦其制造过程和成本能够得到更好的掌控，人们应该会增加其在航空领域的使用。

本节中聚合物的介绍已大大简化，感兴趣的读者请参考文献 [6-7, 11, 21-22, 27, 36] 等。

第 2 章 单向层的特性

2.1 单向层的应力状态

单向层,是由纤维和树脂组成,且所有纤维的取向都相同。称 l 为纵向,t 为横向,z 为层的法向,l、t、z 构成如图 2.1 所示的坐标系。

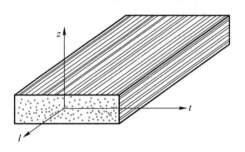

图 2.1 单向层的坐标系定义

显然,这种材料的力学行为并不是各向同性的,而是正交各向异性的:呈现三个对称平面,即 (l,t) 面、(t,z) 面和 (l,z) 面,用 (l,t,z) 定义一个正交坐标系。提醒一下,各向同性材料是指在空间的所有方向都表现出相同力学行为的材料,而没有任何对称性的材料则被认为是各向异性的。

实际上,单向层复合材料很薄,厚度通常仅为十分之几毫米,因此可以假设是平面应力状态,亦即

$$\sigma_z = \tau_{tz} = \tau_{lz} = 0 \tag{2.1}$$

写成应力矩阵:

$$\boldsymbol{\sigma}(M) = \begin{bmatrix} \sigma_l & \tau_{lt} & 0 \\ \tau_{lt} & \sigma_t & 0 \\ 0 & 0 & 0 \end{bmatrix}_{(l,t,z)} \tag{2.2}$$

下面将在平面应力状态下研究单向层复合材料的行为。

2.2 沿 *l* 方向拉伸试验

对试样沿纤维 *l* 方向进行拉伸试验，如图 2.2 所示，通常会观察到沿 *l* 方向的纤维伸长，沿 *t* 方向的收缩，且没有剪切，这意味着试样在试验过程中始终保持矩形形状，只是长度和宽度发生了变化。因此，试验期间的应力和应变分别表示为

$$\boldsymbol{\sigma}(M) = \begin{bmatrix} \sigma_l & 0 \\ 0 & 0 \end{bmatrix}_{(l,t)} \text{和} \ \boldsymbol{\varepsilon}(M) = \begin{bmatrix} \varepsilon_l & 0 \\ 0 & \varepsilon_t \end{bmatrix}_{(l,t)} \quad (2.3)$$

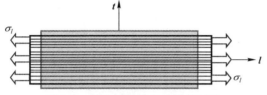

图 2.2 单向层沿纵向的拉伸试验

此外，总体看，应变随应力的变化是线性的（切记，这些应力应变本构关系主要针对的是理论模型，当仔细观察试验时，实际情况会比较复杂）：

$$\begin{cases} \varepsilon_l = \dfrac{\sigma_l}{E_l} \\ \varepsilon_t = -\nu_{lt}\dfrac{\sigma_l}{E_l} = -\nu_{lt}\varepsilon_l \end{cases} \quad (2.4)$$

式中：E_l 为 *l* 方向的弹性模量（MPa 或 GPa）；ν_{lt} 为沿 *l* 方向的泊松比（无单位）。

继续增加载荷，会观察到单向层的突然断裂，如图 2.3 所示，而且断裂前应力和应变几乎始终保持线性行为关系。

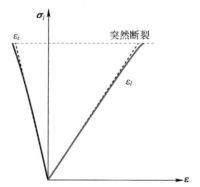

图 2.3 单向层纵向拉伸试验的应力/应变曲线

2.3 沿 t 方向的拉伸试验

若对试样沿横向 t 方向进行拉伸试验，如图 2.4 所示，同样可以观察到试样沿 t 方向与 σ_t 成比例的伸长率，而沿 l 方向与 σ_t 成比例地收缩，并且没有剪切。因此应力和应变表示为

$$\boldsymbol{\sigma}(M) = \begin{bmatrix} 0 & 0 \\ 0 & \sigma_t \end{bmatrix}_{(l,t)} \text{和} \ \boldsymbol{\varepsilon}(M) = \begin{bmatrix} \varepsilon_l & 0 \\ 0 & \varepsilon_t \end{bmatrix}_{(l,t)} \quad (2.5)$$

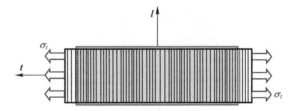

图 2.4 单向层的横向拉伸试验

同时

$$\begin{cases} \varepsilon_t = \dfrac{\sigma_t}{E_t} \\ \varepsilon_l = -\nu_{tl}\dfrac{\sigma_t}{E_t} = -\nu_{tl}\varepsilon_t \end{cases} \quad (2.6)$$

式中：E_t 为 t 方向的弹性模量；ν_{tl} 为沿 t 方向的泊松比。E_l 和 E_t 通常是不同的，ν_{lt} 和 ν_{tl} 也是不同的。充分考虑后，可以证明，如果应力应变关系（式（2.4）和式（2.6））是线性的，那么必然得

$$\dfrac{\nu_{lt}}{E_l} = \dfrac{\nu_{tl}}{E_t} \quad (2.7)$$

继续增加载荷，会观察到试样突然断裂，如图 2.5 所示，一直到断裂前应力和应变也几乎始终保持线性行为关系。

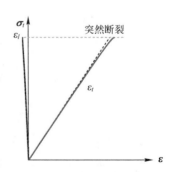

图 2.5 单向层横向拉伸试验的应力/应变曲线

2.4 剪切试验

实施纯剪切试验,如图 2.6 所示,得到与切应力 τ_{lt} 成正比的切应变 γ_{lt},并且伸长率 ε_l 和 ε_t 为 0。应力和应变分别表示为

$$\begin{cases} \boldsymbol{\sigma}(M) = \begin{bmatrix} 0 & \tau_{lt} \\ \tau_{lt} & 0 \end{bmatrix}_{(l,t)} \\ \boldsymbol{\varepsilon}(M) = \begin{bmatrix} 0 & \dfrac{\gamma_{lt}}{2} \\ \dfrac{\gamma_{lt}}{2} & 0 \end{bmatrix}_{(l,t)} \end{cases} \quad (2.8)$$

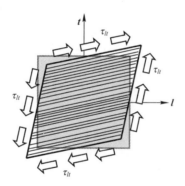

图 2.6 面内剪切试验

同时

$$\gamma_{lt} = \frac{\tau_{lt}}{G_{lt}} \quad (2.9)$$

式中:G_{lt} 为剪切模量(MPa 或 GPa)。顺便指出,实施剪切试验远比拉伸试验更复杂。例如,要对薄壁筒进行扭转试验来实现,在实践中,也可以通过使用偏轴拉伸试验(见第 3 章)来观察剪切特性。

继续增加负载,观察到应力和应变的非线性行为关系(图 2.7),以及不可逆的应变和突然断裂。

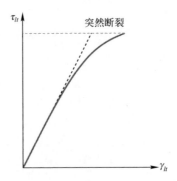

图 2.7　单向层的面内剪切试验的应力/应变曲线

2.5　一般情况

若将这三个基本应力进行叠加，如图 2.8 所示，得

$$\boldsymbol{\sigma}(M) = \begin{bmatrix} \sigma_l & \tau_{lt} \\ \tau_{lt} & \sigma_t \end{bmatrix}_{(l,t)} \text{和 } \boldsymbol{\varepsilon}(M) = \begin{bmatrix} \varepsilon_l & \dfrac{\gamma_{lt}}{2} \\ \dfrac{\gamma_{lt}}{2} & \varepsilon_t \end{bmatrix}_{(l,t)} \quad (2.10)$$

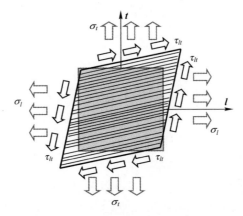

图 2.8　一般情况：沿 l 方向和沿 t 方向的拉伸以及面内剪切

可采用以下形式：

$$\begin{bmatrix} \varepsilon_l \\ \varepsilon_t \\ \gamma_{lt} \end{bmatrix}_{(l,t)} = \begin{bmatrix} \dfrac{1}{E_l} & \dfrac{-\nu_{tl}}{E_t} & 0 \\ \dfrac{-\nu_{tl}}{E_l} & \dfrac{1}{E_t} & 0 \\ 0 & 0 & \dfrac{1}{G_{lt}} \end{bmatrix}_{(l,t)} \begin{bmatrix} \sigma_l \\ \sigma_t \\ \tau_{lt} \end{bmatrix}_{(l,t)} \tag{2.11}$$

然而，这种关系只在正交坐标系中成立。式中这个 3×3 矩阵称为柔度矩阵。该矩阵用 S 表示，并且是对称的：

$$\boldsymbol{\varepsilon} = \boldsymbol{S}\boldsymbol{\sigma} \tag{2.12}$$

同时

$$S = \begin{bmatrix} \dfrac{1}{E_l} & \dfrac{-\nu_{tl}}{E_t} & 0 \\ \dfrac{-\nu_{tl}}{E_l} & \dfrac{1}{E_t} & 0 \\ 0 & 0 & \dfrac{1}{G_{lt}} \end{bmatrix}_{(l,t)} = \begin{bmatrix} \dfrac{1}{E_l} & \dfrac{-\nu_{lt}}{E_t} & 0 \\ \dfrac{-\nu_{lt}}{E_l} & \dfrac{1}{E_t} & 0 \\ 0 & 0 & \dfrac{1}{G_{lt}} \end{bmatrix}_{(l,t)} \tag{2.13}$$

通过对这个柔度矩阵求逆，即可得到刚度矩阵：

$$\boldsymbol{\sigma} = \boldsymbol{Q}\boldsymbol{\varepsilon} \text{ 和 } \boldsymbol{Q} = \begin{bmatrix} \beta E_l & \beta\nu_{lt}E_t & 0 \\ \beta\nu_{lt}E_t & \beta E_t & 0 \\ 0 & 0 & G_{lt} \end{bmatrix}_{(l,t)}, \quad \beta = \dfrac{1}{1-\nu_{lt}\nu_{tl}} \tag{2.14}$$

例如，T300/914 是复合材料，由大约 50% 体积的碳纤维和 50% 体积的环氧树脂组成，碳纤维的直径为 7μm，而环氧树脂则以 0.125mm 厚的预浸料形式呈现。该复合材料具有以下力学特性：

$$\begin{cases} E_l = 134\text{GPa} \\ E_t = 7\text{GPa} \\ \nu_{lt} = 0.25 \\ G_{lt} = 4.2\text{GPa} \end{cases} \tag{2.15}$$

若材料是各向同性的，即在所有方向上具有相同的力学行为，得

$$\begin{cases} E_l = E_t = E \\ G_{lt} = \dfrac{E}{2(1+\nu)} \\ \nu_{lt} = \nu_{tl} = \nu \end{cases} \tag{2.16}$$

这里只需两个参数就可以简单地描述材料的力学行为。而在正交各向异性材料的情况下，则需要 4 个参数。例如，金属铝是飞机结构中另一种广泛使用的材料，是各向同性的：

$$\begin{cases} E = 70\text{GPa} \\ \nu = 0.3 \end{cases} \tag{2.17}$$

对于三维空间问题，描述各向同性材料的行为显然仍然只需要两个参数，而在描述正交各向异性材料时，则总共需要 9 个参数：

$$E_l, \quad E_t, \quad E_z, \quad \nu_{lt}, \quad \nu_{tz}, \quad \nu_{lz}, \quad G_{lt}, \quad G_{tz}, \quad G_{lz} \tag{2.18}$$

实际上，单向复合材料横向几乎是各向同性的，即 (t,z) 面的所有方向都表现出相同的行为，因此通常只需要 5 个参数来描述单向复合材料的三维行为：

$$\begin{bmatrix} \varepsilon_l \\ \varepsilon_t \\ \varepsilon_z \\ \gamma_{tz} \\ \gamma_{lz} \\ \gamma_{lt} \end{bmatrix}_{(l,t,z)} = \begin{bmatrix} \dfrac{1}{E_l} & \dfrac{-\nu_{lt}}{E_l} & \dfrac{-\nu_{lt}}{E_l} & 0 & 0 & 0 \\ \dfrac{-\nu_{lt}}{E_l} & \dfrac{1}{E_t} & \dfrac{-\nu_{tz}}{E_t} & 0 & 0 & 0 \\ \dfrac{-\nu_{lt}}{E_l} & \dfrac{-\nu_{tz}}{E_t} & \dfrac{1}{E_t} & 0 & 0 & 0 \\ 0 & 0 & 0 & \dfrac{2(1+\nu_{tz})}{E_t} & 0 & 0 \\ 0 & 0 & 0 & 0 & \dfrac{1}{G_{lt}} & 0 \\ 0 & 0 & 0 & 0 & 0 & \dfrac{1}{G_{lt}} \end{bmatrix} \begin{bmatrix} \sigma_l \\ \sigma_t \\ \sigma_z \\ \tau_{tz} \\ \tau_{lz} \\ \tau_{lt} \end{bmatrix}_{(l,t,z)} \tag{2.19}$$

6 种基本应力状态如图 2.9 所示。

应力 τ_{lt} 表示法矢量 t 的面上沿 l 方向的切应力或法矢量 l 面上沿 t 方向的切应力（由于应力张量的对称性而相同）。这也适用于 σ_t，严格表示应该记为 σ_{tt}，表示法矢量 t 的面沿 t 方向的应力。

关于符号的备注：应力和应变的矢量形式的符号显然是不合适的，当然，它们是对称张量，因此显示的是对称张量的数学性质。在第 3 章的例子中，将看到转动规则适用于张量而不是矢量。

无意中发现，指标的顺序源于下面矩阵路径的方向：

第 2 章 单向层的特性

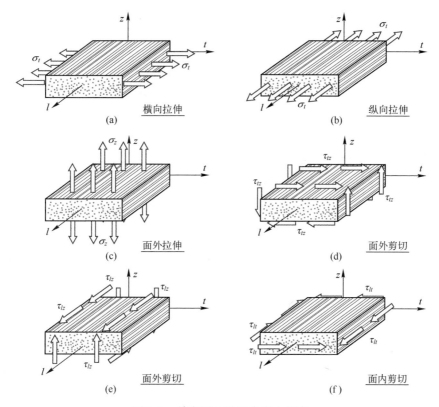

图 2.9 单向层 6 种基本应力状态

$$\begin{bmatrix} \sigma_l & \tau_{lt} & \tau_{lz} \\ \tau_{lt} & \sigma_t & \tau_{tz} \\ \tau_{lz} & \tau_{tz} & \sigma_z \end{bmatrix} \tag{2.20}$$

将应力或应变从指标 1 到 6，这里给出了刚度矩阵：

$$\begin{bmatrix} \sigma_1 \\ \sigma_2 \\ \sigma_3 \\ \sigma_4 \\ \sigma_5 \\ \sigma_6 \end{bmatrix}_{(l,t,z)} = \begin{bmatrix} Q_{11} & Q_{12} & Q_{13} & 0 & 0 & 0 \\ Q_{21} & Q_{22} & Q_{23} & 0 & 0 & 0 \\ Q_{31} & Q_{32} & Q_{33} & 0 & 0 & 0 \\ 0 & 0 & 0 & Q_{44} & 0 & 0 \\ 0 & 0 & 0 & 0 & Q_{55} & 0 \\ 0 & 0 & 0 & 0 & 0 & Q_{66} \end{bmatrix}_{(l,t,z)} \begin{bmatrix} \varepsilon_1 \\ \varepsilon_2 \\ \varepsilon_3 \\ \varepsilon_4 \\ \varepsilon_5 \\ \varepsilon_6 \end{bmatrix}_{(l,t,z)} \tag{2.21}$$

以及

$$\begin{bmatrix} \varepsilon_l \\ \varepsilon_t \\ \varepsilon_z \\ \gamma_{tz} \\ \gamma_{lz} \\ \gamma_{lt} \end{bmatrix}_{(l,t,z)} = \begin{bmatrix} \varepsilon_1 \\ \varepsilon_2 \\ \varepsilon_3 \\ \varepsilon_4 \\ \varepsilon_5 \\ \varepsilon_6 \end{bmatrix}_{(l,t,z)} \text{和} \begin{bmatrix} \sigma_l \\ \sigma_t \\ \sigma_z \\ \tau_{tz} \\ \tau_{lz} \\ \tau_{lt} \end{bmatrix}_{(l,t,z)} = \begin{bmatrix} \sigma_1 \\ \sigma_2 \\ \sigma_3 \\ \sigma_4 \\ \sigma_5 \\ \sigma_6 \end{bmatrix}_{(l,t,z)} \quad (2.22)$$

在二维平面中，可得

$$\begin{bmatrix} \sigma_l \\ \sigma_t \\ \tau_{lt} \end{bmatrix}_{(l,t)} = \begin{bmatrix} Q_{11} & Q_{12} & Q_{16} \\ Q_{12} & Q_{22} & Q_{26} \\ Q_{16} & Q_{26} & Q_{66} \end{bmatrix}_{(l,t)} \begin{bmatrix} \varepsilon_l \\ \varepsilon_t \\ \gamma_{lt} \end{bmatrix}_{(l,t)} \quad (2.23)$$

以及

$$\begin{cases} Q_{11} = \beta E_l \\ Q_{22} = \beta E_t \\ Q_{12} = \beta \nu_{lt} E_t \quad , \quad \beta = \dfrac{1}{1-\nu_{lt}\nu_{tl}} \\ Q_{66} = G_{lt} \\ Q_{16} = Q_{26} = 0 \end{cases} \quad (2.24)$$

第 3 章　单向层复合材料在给定方向的特性

3.1　偏轴拉伸试验

现对单向层复合材料沿 x 轴进行拉伸试验，如图 3.1 所示。这里 (x,y) 坐标中的 x 轴偏离单向层纤维正交系统 (l,t) 中的纵向 l，称其为偏轴拉伸。可以观察到试样沿 x 方向的伸长、y 方向的收缩以及剪切现象，把这种现象描述为拉伸-剪切耦合。从物理学角度看，这种耦合现象的出现，可通过复合材料沿横向的刚度较低来解释：意味着材料倾向于在 x 方向的伸长，更优于复合材料纤维沿纵向 l 的伸长，复合材料纤维的横向 t 最容易产生拉伸变形。

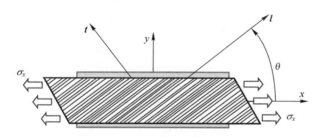

图 3.1　单向层的偏轴拉伸试验

这种耦合也可用刚度矩阵来说明，在坐标系 (x,y) 表示的刚度矩阵中，出现非零分量 Q_{16} 和 Q_{26}。为了确定该坐标中的刚度矩阵，要按照以下步骤：首先在 (x,y) 坐标系统中引入应力，显然，可以明确表示这个应力，因为是由沿 x 方向施加的拉伸试验得到的（可以证明图 3.1 中显示的应力实际上是一种纯拉伸状态，即使最初并不明显，根据小变形理论，整体变形过程中保持为平行四边形）。其次，通过坐标旋转变换，确定 (l,t) 坐标系下的应力，通过利用刚度矩阵，可以确定 (l,t) 坐标系下的应变。最后，再通过坐标旋转变换，确定 (x,y) 内的应变。由此可以获得 (x,y) 坐标系中的刚度矩阵，即在 (x,y) 坐标系中确定的应力和应变关系，如图 3.2 所示。

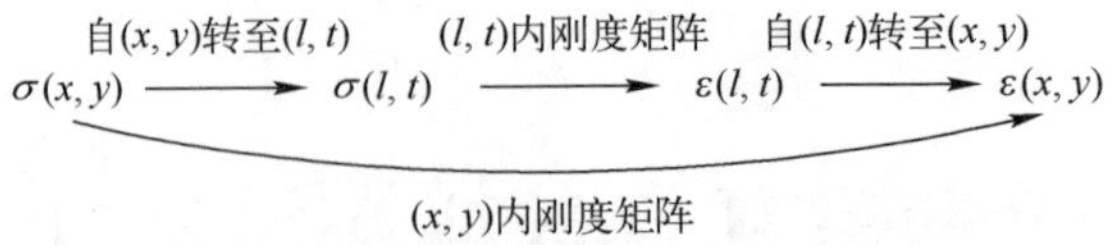

```
自(x,y)转至(l,t)    (l,t)内刚度矩阵    自(l,t)转至(x,y)
σ(x,y) ─────────→ σ(l,t) ─────────→ ε(l,t) ─────────→ ε(x,y)
                      (x,y)内刚度矩阵
```

图 3.2 坐标 (x,y) 中刚度矩阵的计算步骤

因此,首先根据 (x,y) 坐标中的应力来确定 (l,t) 坐标中的应力:

$$\boldsymbol{\sigma}_{(l,t)} = \boldsymbol{R}^t \boldsymbol{\sigma}_{(x,y)} \boldsymbol{R} \tag{3.1}$$

式中:$\boldsymbol{R}$ 为从 (x,y) 坐标系到 (l,t) 坐标系的旋转变换矩阵:

$$\boldsymbol{R} = \begin{bmatrix} c & -s \\ s & c \end{bmatrix}_{(x,y)}, \quad \begin{cases} c = \cos\theta \\ s = \sin\theta \end{cases} \tag{3.2}$$

也可以表达为

$$\begin{bmatrix} \sigma_l \\ \sigma_t \\ \tau_{lt} \end{bmatrix}_{(l,t)} = \begin{bmatrix} c^2 & s^2 & 2sc \\ s^2 & c^2 & -2sc \\ -sc & sc & (c^2-s^2) \end{bmatrix} \begin{bmatrix} \sigma_x \\ \sigma_y \\ \tau_{xy} \end{bmatrix}_{(x,y)} = \boldsymbol{T}\boldsymbol{\sigma}_{(x,y)} \tag{3.3}$$

通过将 θ 更改为 $-\theta$,并因此将 s 更改为 $-s$ 而不修改 c。对应变可以采用类似等效的变换方法:

$$\begin{bmatrix} \varepsilon_x \\ \varepsilon_y \\ \gamma_{xy}/2 \end{bmatrix}_{(x,y)} = \begin{bmatrix} c^2 & s^2 & -2sc \\ s^2 & c^2 & 2sc \\ sc & -sc & (c^2-s^2) \end{bmatrix} \begin{bmatrix} \varepsilon_l \\ \varepsilon_t \\ \gamma_{lt}/2 \end{bmatrix}_{(l,t)} \tag{3.4}$$

注意,不要忘记应变矩阵中的非对角元素是 ε_{xy} 而不是 γ_{xy},其中:

$$\varepsilon_{xy} = \gamma_{xy}/2 \tag{3.5}$$

因此

$$\begin{bmatrix} \varepsilon_x \\ \varepsilon_y \\ \gamma_{xy} \end{bmatrix}_{(x,y)} = \begin{bmatrix} c^2 & s^2 & -sc \\ s^2 & c^2 & sc \\ 2sc & -2sc & (c^2-s^2) \end{bmatrix} \begin{bmatrix} \varepsilon_l \\ \varepsilon_t \\ \gamma_{lt} \end{bmatrix}_{(l,t)} = \boldsymbol{T}'\boldsymbol{\varepsilon}_{(l,t)} \tag{3.6}$$

当等效替换时,有

$$\boldsymbol{\varepsilon}_{(x,y)} = \boldsymbol{S}_{(x,y)} \boldsymbol{\sigma}_{(x,y)} = \boldsymbol{T}'\boldsymbol{S}_{(l,t)}\boldsymbol{T}\boldsymbol{\sigma}_{(x,y)} \tag{3.7}$$

这里,给出了柔度矩阵:

第 3 章 单向层复合材料在给定方向的特性

$$\begin{bmatrix} \varepsilon_x \\ \varepsilon_y \\ \gamma_{xy} \end{bmatrix}_{(x,y)} = \begin{bmatrix} \dfrac{1}{E_x} & -\dfrac{\nu_{xy}}{E_x} & \dfrac{\eta_x}{E_x} \\ -\dfrac{\nu_{xy}}{E_x} & \dfrac{1}{E_y} & \dfrac{\eta_y}{E_y} \\ \dfrac{\eta_x}{E_x} & \dfrac{\eta_y}{E_y} & \dfrac{1}{G_{xy}} \end{bmatrix} \begin{bmatrix} \sigma_x \\ \sigma_y \\ \tau_{xy} \end{bmatrix}_{(x,y)} \quad (3.8)$$

以及

$$\begin{cases} \dfrac{1}{E_x} = \dfrac{c^4}{E_l} + \dfrac{s^4}{E_t} + c^2 s^2 \left(\dfrac{1}{G_{lt}} - 2\dfrac{\nu_{lt}}{E_l} \right) \\[6pt] \dfrac{1}{E_y} = \dfrac{s^4}{E_l} + \dfrac{c^4}{E_t} + c^2 s^2 \left(\dfrac{1}{G_{lt}} - 2\dfrac{\nu_{lt}}{E_l} \right) \\[6pt] \dfrac{\nu_{xy}}{E_x} = \dfrac{\nu_{lt}}{E_l}(c^4 + s^4) - c^2 s^2 \left(\dfrac{1}{E_l} + \dfrac{1}{E_t} - \dfrac{1}{G_{lt}} \right) \\[6pt] \dfrac{1}{G_{xy}} = 4 c^2 s^2 \left(\dfrac{1}{E_l} + \dfrac{1}{E_t} + 2\dfrac{\nu_{lt}}{E_l} \right) + \dfrac{(c^2 - s^2)^2}{G_{lt}} \\[6pt] \dfrac{\eta_x}{E_x} = 2cs \left(\dfrac{c^2}{E_l} - \dfrac{s^2}{E_t} + (c^2 - s^2)\left(\dfrac{\nu_{lt}}{E_l} - \dfrac{1}{2G_{lt}} \right) \right) \\[6pt] \dfrac{\eta_y}{E_y} = 2cs \left(\dfrac{s^2}{E_l} - \dfrac{c^2}{E_t} - (c^2 - s^2)\left(\dfrac{\nu_{lt}}{E_l} - \dfrac{1}{2G_{lt}} \right) \right) \end{cases} \quad (3.9)$$

这里有两个耦合项 η_x/E_x 和 η_y/E_y,除了某些特定的 θ 值外,它们通常是非零的,因此形成了由拉伸载荷导致的切应变,以及由剪切载荷导致的拉应变。用前面复合材料 T300/914 的值来确定这些不同的系数,就可以得到图 3.3。

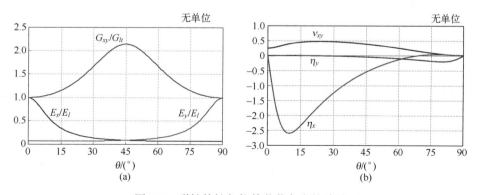

图 3.3 弹性特性与拉伸载荷角度的关系

从图 3.3 中可以看到：对于 $\theta=0°$，E_x 的值等于 E_l，值最大；在 $\theta=90°$ 时，E_x 的值等于 E_t，值最小。E_y 的演化规律显然与 E_x 相反。泊松比 ν_{xy} 在 $\theta=0°$ 时为 ν_{lt}，在 $\theta=90°$ 时为 ν_{tl}，最大值为 0.48（对应的 $\theta \approx 24°$），这用耦合系数的变化更难解释。当 $\theta=0°$ 时，系数 η_x 的绝对值最大；当 $\theta=0°$ 和 $\theta=90°$ 时，系数 η_x 和 η_y 显然为 0。尽管如此，依然表明，依赖于 E_l 和 E_t 值，耦合系数呈现出惊人的变化。剪切模量的变化则较小，把 $\pm45°$ 处两层的剪切模量进行比较，表明在 $\theta=45°$ 时剪切模量最大。这个结果很重要，因为这表明，如果希望获得重要的剪切模量，仅将纤维铺设在 $\theta=45°$ 处是不够的，还需要在 $-45°$ 处铺设纤维。这个结果将在后面的章节中进一步阐述。

类似地，可以得到 (x,y) 坐标中的刚度矩阵：

$$\begin{bmatrix} \sigma_x \\ \sigma_y \\ \tau_{xy} \end{bmatrix}_{(x,y)} = \begin{bmatrix} Q'_{11} & Q'_{12} & Q'_{16} \\ Q'_{12} & Q'_{22} & Q'_{26} \\ Q'_{16} & Q'_{26} & Q'_{66} \end{bmatrix}_{(x,y)} \begin{bmatrix} \varepsilon_x \\ \varepsilon_y \\ \gamma_{xy} \end{bmatrix}_{(x,y)} \quad (3.10)$$

以及

$$\begin{cases} Q^1_{11} = \beta E_l c^4 + \beta E_t s^4 + 2(\beta \nu_{lt} E_t + 2G_{lt}) c^2 s^2 \\ Q^1_{22} = \beta E_l s^4 + \beta E_t c^4 + 2(\beta \nu_{lt} E_t + 2G_{lt}) c^2 s^2 \\ Q^1_{12} = (\beta E_l + \beta E_t - 4G_{lt}) c^2 s^2 + \beta \nu_{lt} E_t (c^4 + s^4) \\ Q^1_{66} = (\beta E_l + \beta E_t - 2(\beta \nu_{lt} E_t + G_{lt})) c^2 s^2 + G_{lt} (c^4 + s^4) \\ Q^1_{16} = (\beta E_l - \beta \nu_{lt} E_t - 2G_{lt}) c^3 s + (\beta \nu_{lt} E_t - \beta E + 2G_{lt}) cs^3 \\ Q^1_{26} = (\beta E_l - \beta \nu_{lt} E_t - 2G_{lt}) cs^3 + (\beta \nu_{lt} E_t - \beta E + 2G_{lt}) c^3 s \end{cases} \quad (3.11)$$

在实践中，人们主要使用 0°、+45°、-45° 和 90° 的纤维铺层，如图 3.4 所示，从而得

$$\begin{cases} \mathbf{S}^{0°} = \begin{bmatrix} \dfrac{1}{E_l} & \dfrac{-\nu_{lt}}{E_l} & 0 \\ \dfrac{-\nu_{lt}}{E_l} & \dfrac{1}{E_t} & 0 \\ 0 & 0 & \dfrac{1}{G_{lt}} \end{bmatrix}_{(x,y)} \end{cases}$$

第 3 章 单向层复合材料在给定方向的特性

$$\left\{ \boldsymbol{S}^{90°} = \begin{bmatrix} \dfrac{1}{E_t} & \dfrac{-\nu_{lt}}{E_l} & 0 \\ \dfrac{-\nu_{lt}}{E_l} & \dfrac{1}{E_l} & 0 \\ 0 & 0 & \dfrac{1}{G_{lt}} \end{bmatrix}_{(x,y)} \right.$$

$$\boldsymbol{S}^{45°} = \begin{bmatrix} \dfrac{1}{4}\left(\dfrac{1}{E_l}+\dfrac{1}{E_t}-\dfrac{2\nu_{lt}}{E_l}+\dfrac{1}{G_{lt}}\right) & \dfrac{1}{4}\left(\dfrac{1}{E_l}+\dfrac{1}{E_t}-\dfrac{2\nu_{lt}}{E_l}-\dfrac{1}{G_{lt}}\right) & \dfrac{1}{2}\left(\dfrac{1}{E_l}-\dfrac{1}{E_t}\right) \\ \dfrac{1}{4}\left(\dfrac{1}{E_l}+\dfrac{1}{E_t}-\dfrac{2\nu_{lt}}{E_l}-\dfrac{1}{G_{lt}}\right) & \dfrac{1}{4}\left(\dfrac{1}{E_l}+\dfrac{1}{E_t}-\dfrac{2\nu_{lt}}{E_l}+\dfrac{1}{G_{lt}}\right) & \dfrac{1}{2}\left(\dfrac{1}{E_l}-\dfrac{1}{E_t}\right) \\ \dfrac{1}{2}\left(\dfrac{1}{E_l}-\dfrac{1}{E_t}\right) & \dfrac{1}{2}\left(\dfrac{1}{E_l}-\dfrac{1}{E_t}\right) & \dfrac{1}{E_l}+\dfrac{1}{E_t}+\dfrac{2\nu_{lt}}{E_t} \end{bmatrix}_{(x,y)}$$

$$\boldsymbol{S}^{-45°} = \begin{bmatrix} \dfrac{1}{4}\left(\dfrac{1}{E_l}+\dfrac{1}{E_t}-\dfrac{2\nu_{lt}}{E_l}+\dfrac{1}{G_{lt}}\right) & \dfrac{1}{4}\left(\dfrac{1}{E_l}+\dfrac{1}{E_t}-\dfrac{2\nu_{lt}}{E_l}-\dfrac{1}{G_{lt}}\right) & \dfrac{1}{2}\left(\dfrac{1}{E_t}-\dfrac{1}{E_l}\right) \\ \dfrac{1}{4}\left(\dfrac{1}{E_l}+\dfrac{1}{E_t}-\dfrac{2\nu_{lt}}{E_l}-\dfrac{1}{G_{lt}}\right) & \dfrac{1}{4}\left(\dfrac{1}{E_l}+\dfrac{1}{E_t}-\dfrac{2\nu_{lt}}{E_l}+\dfrac{1}{G_{lt}}\right) & \dfrac{1}{2}\left(\dfrac{1}{E_t}-\dfrac{1}{E_l}\right) \\ \dfrac{1}{2}\left(\dfrac{1}{E_t}-\dfrac{1}{E_l}\right) & \dfrac{1}{2}\left(\dfrac{1}{E_t}-\dfrac{1}{E_l}\right) & \dfrac{1}{E_l}+\dfrac{1}{E_t}+\dfrac{2\nu_{lt}}{E_t} \end{bmatrix}_{(x,y)}$$

(3.12)

和

$$\left\{ \boldsymbol{Q}^{0°} = \begin{bmatrix} \beta E_l & \beta \nu_{lt} E_t & 0 \\ \beta \nu_{lt} E_t & \beta E_t & 0 \\ 0 & 0 & G_{lt} \end{bmatrix}_{(x,y)} \right.$$

$$\boldsymbol{Q}^{90°} = \begin{bmatrix} \beta E_t & \beta \nu_{lt} E_t & 0 \\ \beta \nu_{lt} E_t & \beta E_l & 0 \\ 0 & 0 & G_{lt} \end{bmatrix}_{(x,y)}$$

$$\boldsymbol{Q}^{45°} = \begin{bmatrix} \dfrac{\beta}{4}(E_l+E_t+2\nu_{lt}E_t)+G_{lt} & \dfrac{\beta}{4}(E_l+E_t+2\nu_{lt}E_t)-G_{lt} & \dfrac{\beta}{4}(E_l-E_t) \\ \dfrac{\beta}{4}(E_l+E_t+2\nu_{lt}E_t)-G_{lt} & \dfrac{\beta}{4}(E_l+E_t+2\nu_{lt}E_t)+G_{lt} & \dfrac{\beta}{4}(E_l-E_t) \\ \dfrac{\beta}{4}(E_l-E_t) & \dfrac{\beta}{4}(E_l-E_t) & \dfrac{\beta}{4}(E_l+E_t-2\nu_{lt}E_t) \end{bmatrix}_{(x,y)}$$

$$\boldsymbol{Q}^{-45°} = \begin{bmatrix} \dfrac{\beta}{4}(E_l+E_t+2\nu_{lt}E_t)+G_{lt} & \dfrac{\beta}{4}(E_l+E_t+2\nu_{lt}E_t)-G_{lt} & \dfrac{\beta}{4}(E_t-E_l) \\ \dfrac{\beta}{4}(E_l+E_t+2\nu_{lt}E_t)-G_{lt} & \dfrac{\beta}{4}(E_l+E_t+2\nu_{lt}E_t)+G_{lt} & \dfrac{\beta}{4}(E_t-E_l) \\ \dfrac{\beta}{4}(E_t-E_l) & \dfrac{\beta}{4}(E_t-E_l) & \dfrac{\beta}{4}(E_l+E_t-2\nu_{lt}E_t) \end{bmatrix}_{(x,y)}$$

(3.13)

其中

$$\beta = \frac{1}{1-\nu_{lt}\nu_{tl}} \quad (3.14)$$

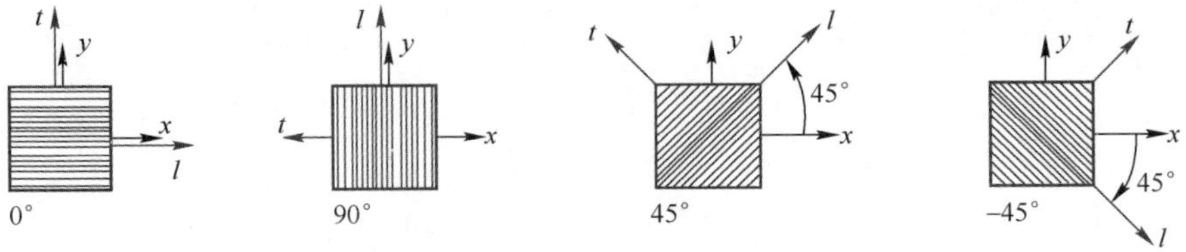

图 3.4 单向层的四个典型方向

示例：+45°方向的铺层。

例如，在+45°方向铺层的情况下，假设 $E_l \gg E_t$ 和 $E_l \gg G_{lt}$，可得

$$\begin{cases} \dfrac{1}{E_x} = \dfrac{1}{E_y} \approx \dfrac{1}{4}\left(\dfrac{1}{E_t}+\dfrac{1}{G_{lt}}\right) \\ \dfrac{\nu_{xy}}{E_x} = \dfrac{1}{4}\left(\dfrac{1}{E_t}-\dfrac{1}{G_{lt}}\right) \\ \dfrac{1}{G_{xy}} \approx \dfrac{1}{E_t} \\ \dfrac{\eta_x}{E_x} = \dfrac{\eta_y}{E_y} \approx \dfrac{-1}{2E_t} \end{cases} \quad (3.15)$$

可以观察到，这种力学行为主要是由环氧树脂控制的，这是合乎逻辑的，因为无论外部应力（σ_x、σ_y或τ_{xy}）如何，树脂都会引起显著的应变。

特别是，如果人们希望创建具有高剪切模量的材料，仅使用+45°的单向层是不够的，还要在-45°方向进行纤维铺层，如图3.5所示（见第6章）。

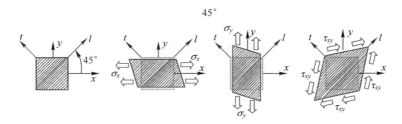

图 3.5 以45°角作用在单向层的三种基本应力状态

对于三种基本应力状态，得

$$\text{如果 } \boldsymbol{\sigma} = \begin{bmatrix} \sigma_x \\ 0 \\ 0 \end{bmatrix}_{(x,y)} \quad \text{则 } \boldsymbol{\varepsilon} = \begin{bmatrix} \dfrac{\sigma_x}{4}\left(\dfrac{1}{G_{lt}} + \dfrac{1}{E_t}\right) \\ \dfrac{\sigma_x}{4}\left(\dfrac{1}{G_{lt}} - \dfrac{1}{E_t}\right) \\ \dfrac{\sigma_x}{2E_t} \end{bmatrix}_{(x,y)}$$

$$\text{如果 } \boldsymbol{\sigma} = \begin{bmatrix} 0 \\ \sigma_y \\ 0 \end{bmatrix}_{(x,y)} \quad \text{则 } \boldsymbol{\varepsilon} = \begin{bmatrix} \dfrac{\sigma_x}{4}\left(\dfrac{1}{G_{lt}} - \dfrac{1}{E_t}\right) \\ \dfrac{\sigma_x}{4}\left(\dfrac{1}{G_{lt}} + \dfrac{1}{E_t}\right) \\ \dfrac{\sigma_x}{2E_t} \end{bmatrix}_{(x,y)}$$

$$\text{如果 } \boldsymbol{\sigma} = \begin{bmatrix} 0 \\ 0 \\ \tau_{xy} \end{bmatrix}_{(x,y)} \quad \text{则 } \boldsymbol{\varepsilon} = \begin{bmatrix} \dfrac{\tau_x}{2E_t} \\ \dfrac{\tau_x}{2E_t} \\ \dfrac{\tau_x}{E_t} \end{bmatrix}_{(x,y)}$$

示例：刚度的试验确定。

为了确定单向复合材料的面内弹性特性，通常会实施三个拉伸试验（参见练习1），如图3.6所示。

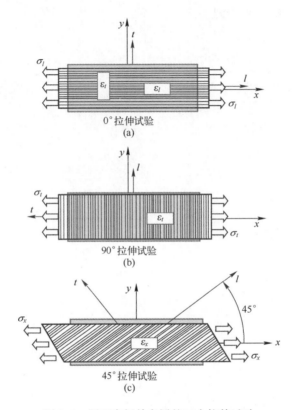

图 3.6 用于表征单向层的三个拉伸试验

第一个试验，包括在纤维方向上的拉伸试验，两个应变片分别沿 l 和 t 方向组合。因此，使用第一个应变片值可以确定 E_l，使用第二个应变片的值来确定 ν_{lt}：

$$\begin{cases} E_l = \dfrac{\sigma_l}{\varepsilon_l} \\ \nu_{lt} = -\dfrac{\varepsilon_t}{\varepsilon_l} \end{cases} \tag{3.16}$$

使用应变片在横向上进行的第二个拉伸试验得出 E_t：

$$E_t = \frac{\sigma_t}{\varepsilon_t} \tag{3.17}$$

然后，使用沿 x 方向黏合的应变片，最终在 45°方向应变片的测量值使可以确定 G_{lt}。已知 E_l、E_t 和 ν_{lt}，就可以证明：

$$\frac{\varepsilon_x}{\sigma_x} = \frac{1}{4}\left(\frac{1-2\nu_{lt}}{E_l} + \frac{1}{E_t} + \frac{1}{G_{lt}}\right) \tag{3.18}$$

这里，唯一的未知量是 G_{lt}。

第4章 复合材料层合板的断裂

单向复合材料的断裂机制严重依赖于纤维、基体、界面、应力状态以及纤维占比等属性的差异和变化。本章将把研究范围限定在描述单向层组成的复合材料层合板上,观察分析其断裂的主要形式,这些单向层本身是由具有抗裂且脆性的纤维(如玻璃、碳或凯夫拉尔),以及比纤维更具延展性的有机树脂组成的。

4.1 单向层的断裂

单向层复合材料的断裂表明,这种断裂模式是由几种基本断裂形式组合而成的断裂模式,这里基本断裂形式包含纤维断裂、基体开裂以及基体/纤维脱粘等。本书的研究基本上是在平面应力状态下详细阐释这种断裂模式。

4.1.1 纵向拉伸

单向层这种类型的复合材料,基体通常比纤维更具延展性,如图4.1所示,因此,其纵向拉伸断裂是由纤维断裂所决定的。实际上,纤维和基体所承受的纵向应变是相同的,而纤维的应变极限往往比树脂的应变极限低,因此总是纤维先发生断裂。

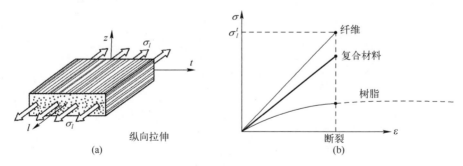

图 4.1 复合材料的纤维和树脂中的纵向拉伸和应力/应变示意图

尽管如此，考虑到纤维非常脆，在接下来加载的第二阶段，伴随着断裂纤维数量的增加，其抗拉强度更多地显示出分散性，试验结束时，试样内开始呈现零星分散的断裂模式，如图4.2所示。

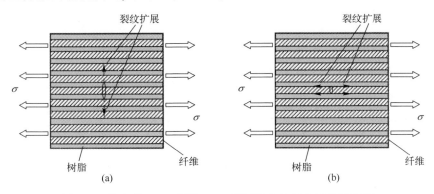

图4.2 具有强（a）和弱（b）界面阻力的复合材料的断裂

一旦出现孤立的纤维断裂，一方面，这种断裂将导致基体的横向出现裂纹（在脆性基体的情况下），在界面阻力较强时（图4.2（a）），这个强阻力产生的结果会将应力集中扩散到相邻的纤维上；另一方面，在界面阻力较弱，而纤维抗拉强度很强的情况下，这种断裂将导致层间界面断裂（图4.2（b））。目前在航空领域使用的材料类型表现出较弱的界面阻力，因此应该是以第二种方式断裂（图4.2（b））。这也意味着孤立纤维的断裂并不会导致单向层复合材料整体破坏，因为载荷会传递到相邻的纤维，只要这些纤维没有断裂，就不会有整体破坏。而后，这些局部裂缝会成倍增加、合并，最终导致单向复合材料的灾难性失效。纵向拉伸试验后断裂相貌的显微图片如图4.3所示。

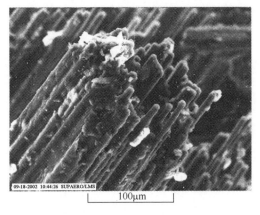

图4.3 纵向拉伸试验后断裂相貌的显微图片[32]

在所实施的拉伸试验中，为确保断裂发生在试样的中心，还要避免夹具处产生应力集中现象，在试样两端谨慎地放置两块玻璃纤维垫片，如图 4.4 所示。

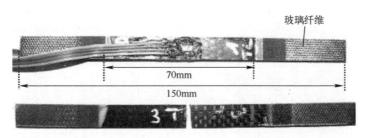

图 4.4　准单向复合材料[2]的拉伸试样，带有凸片和应变片

在整个试验过程中，可以从拉伸机的力传感器中读出应力，并从放置在试样中部的应变计中读出应变。图 4.5 中，可以看到纤维纵向（记为 0°）和横向（记为 90°）之间的力学行为差异。

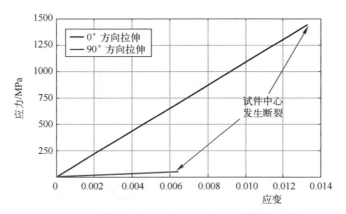

图 4.5　准单向复合材料在 0°和 90°的拉伸试验[2]

4.1.2　纵向压缩

在纵向压缩试验过程中，断裂与微屈曲或扭结带现象有关，从中观察到纤维的屈曲。由于树脂的存在，在剪切力形式加载作用下，这种屈曲随后得以恢复并趋于稳定。一旦树脂达到其切应力极限，就会断裂并导致剪切带或扭结带出现，如图 4.6 所示。

为开展这些试验，尽可能使用具有特定几何形状的试样（即使用有效长度较短的试件,以避免试件因屈曲而过早断裂)(图4.7)。此外,为验证试样的真实应力状态是压缩,通常在试样的上下两个面上使用两个应变片,以便通过计算它们的平均值来分离出压缩应变,并通过计算它们差的1/2来分离出弯曲应变。两个应变片读数的差除以2就是试件加载过程中发生的弯曲应变,而两个应变片读数的平均值就是试件的轴向压缩应变。测试结束时,弯曲应变的大幅增加是由于试样开裂并导致损伤的原因(图4.8)。

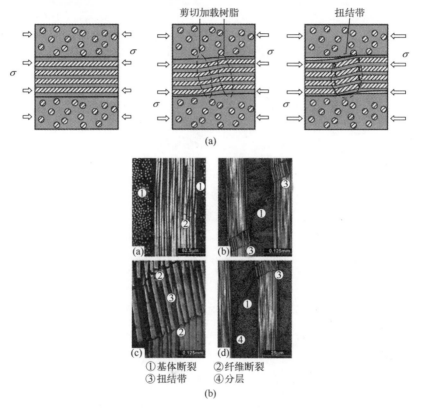

图4.6 (a) 纵向压缩断裂;(b) 扭结带的显微切片[33]

压缩试验是所实施的试验中较为微妙的试验之一,试验中观察到结果呈现某种分散性,与所用试样的几何形状有关。问题源于这样一个事实,即要在试样得到具有均匀的压缩应力状态,为避免由于机器上的夹具引起的边界效应,要增加试件的长度。然而,这也是很难处理的,因为还要避免试件的整体屈曲。

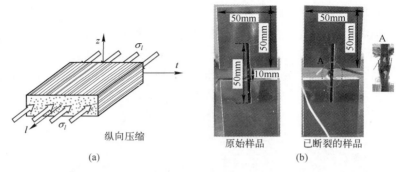

图4.7 （a）纵向压缩；（b）试样的几何形状[2]

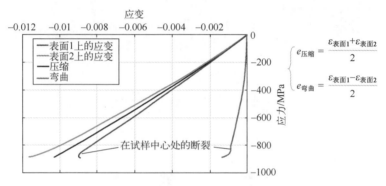

图4.8 单向复合材料的纵向压缩试验[2]（见彩插）

4.1.3 横向拉伸

单向层复合材料的横向拉伸试验过程中，沿加载方向上，由于存在纤维/基体界面，会出现很高的应力集中系数，这将导致试样在界面的多个点处产生脱粘，逐渐形成裂纹聚集，聚集的裂纹最终会导致试样断裂。这种类型的断裂还伴随剪切，可能是单向层断裂模式中最严重的一个。请记住，尽管单向层沿着纤维方向排列，而人们可以通过对结构进行巧妙设计，从而避免这种横向拉伸类型的载荷。在实践中，可以通过在其他方向铺设纤维来实现这个目的，并使层合板在其他方向承受这样的载荷。事实上，为了避免这种类型的断裂模式，可以在每个方向（0°、45°、-45°和90°）至少铺有10%的纤维，即使是在无应力层，也要铺设。此外，一般断裂是由裂纹扩散引起的，由于复合材料结构各层有取向不同的纤维，因此不会引起整体断裂，通常可以承受一般的应力。显然，横向拉伸的强度极限低于纵向拉伸的强度极限，如图4.9所示。

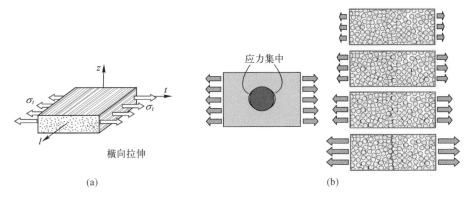

图 4.9 （a）横向拉伸；（b）相关的损伤情况

4.1.4 横向压缩

在单向层复合材料的横向压缩过程中，纤维/基体界面内的高应力集中系数将导致这些界面在试样内的多个点处脱粘并出现裂纹，这些裂纹的合并将导致试样断裂，初看起来，这种断裂情况类似于横向拉伸，而当仔细观察后发现，压缩比拉伸还是稍微复杂一些。当与加载方向比较时，人们观察到的现象是，裂纹出现在 45°~60° 之间的试样上，如图 4.10 所示。

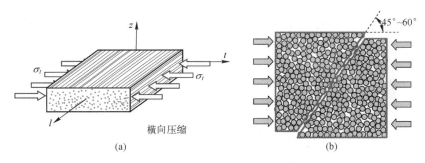

图 4.10 （a）横向压缩；（b）相关的损伤情况

起初，本以为如果没有正的主应力，断裂将是剪切作用的结果。如果真是这种情况，考虑到最大切应力的方向与压缩方向成 45°，应当会在结构 45° 方向上观察到裂纹。

Mohr-Coulomb 提出了一个假设，即这确实是剪切断裂，只是由于负的法向应力受到界面的摩擦而产生了阻碍。换句话说，负的法向应力越大，材料在断裂前承受的剪力就越大，如图 4.11 所示。

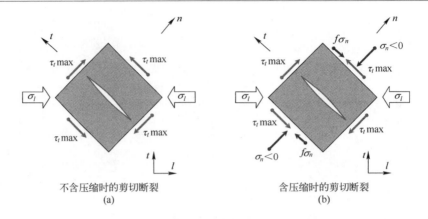

图 4.11 剪切断裂
(a) 没有压缩；(b) 有压缩。

这种裂纹将导致纤维/基体界面或基体发生剪切断裂，由于剪切导致试样的最终断裂。

4.1.5 面内剪切

在单向复合材料的面内剪切试验中，观察到裂纹出现在 45°方向上，最大主应力的方向与剪切方向成 45°角，如图 4.12（b）所示。

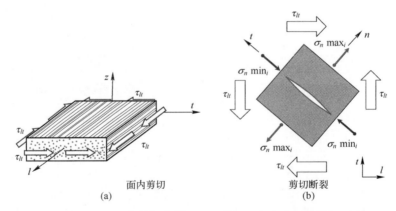

图 4.12 （a）面内剪切载荷；(b) 沿 45°方向出现的剪切开裂

这些裂纹随后将逐步扩展并合并，然后形成由尖头组成的断裂面，这是一种典型的剪切断裂（图 4.13 和图 4.14）。

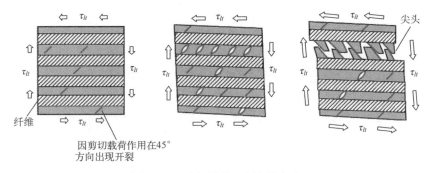

图 4.13　面内断裂：尖头的产生

图 4.14　剪切断裂：在单向碳/环氧树脂复合材料中产生尖头

这种类型的断裂，类似于横向拉伸断裂，对于单向复合材料是非常致命的，显然必须在结构设计阶段避免出现这种类型的断裂。工程中，应使用±45°方向的纤维来承受这种类型的应力。事实上，为了避免这种类型的断裂，即使在没有切应力的情况下，在±45°处也至少铺有10%的纤维。换句话说，如果这种类型的断裂发生在层合板中，则意味着设计是很糟糕的。应该始终以让纤维承受主要载荷为目标，这些载荷将掌控纤维的最终断裂。

实际上，单向复合材料的加载是很复杂的，显示出的是复杂应力状态，因此，其断裂可能是这些不同基本断裂模式的组合。

4.2　层合板的断裂

层合板是由单向层组成的，对于每个单向层而言，其断裂机制正如前面提到的基本断裂模式一样。整体层合板的断裂将是基本断裂模式的组合，除此之外，还将看到层与层之间的界面可能出现开裂，或称为分层，如图4.15所示。

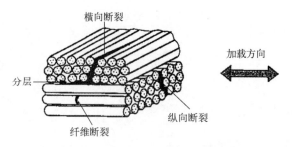

图 4.15　复合材料的不同断裂模式[24]

单向层的另一种前面未提及的断裂模式也可能会出现,那就是面外断裂。对于层合板,尤其是较厚的层合板,面外应力,特别是由面外横向剪切产生的切应力 τ_{tz},会变得很强并导致层合板的层间断裂。此外,面外基体开裂和分层之间存在高度相互作用,当基体裂纹到达界面时,会引发分层,如图 4.16 所示。

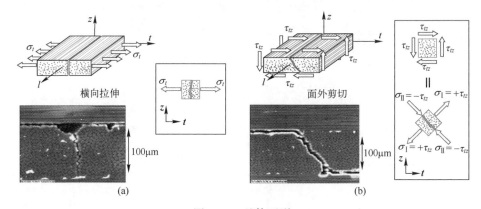

图 4.16　基体开裂
(a) 横向拉伸;(b) 剪切。

获得面外剪切特性是比较难的,通常使用三点弯曲试验方法来获得,如图 4.17 所示,即使这样,结果的准确性也应该是大打折扣的。

示例:准各向同性层合板的断裂。

如果对准各向同性层合板 [0°,45°,90°,-45°]$_s$(见第 8 章)实施拉伸试验,最先发生的断裂层是由横向裂纹导致的,即沿 90° 方向铺层的断裂(图 4.18)。这种断裂显然不是至关重要的,因为大部分载荷是由沿 0° 方向的纤维铺层承担的。同时,一些孤立的 0° 纤维层会断裂,主要是取向不良和/或比平均更脆的纤维。其次±45°的层会因横向裂纹和面内剪切而断裂,这种断裂并不严重。孤立的纤维将继续断裂,最后 0° 方向的层会断裂,导致结构最终断裂。

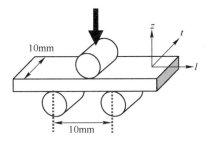

图 4.17　面外剪切下复合材料的表征试验

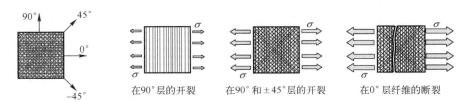

图 4.18　准各向同性层合板的损坏情况

示例：层合板 [45°，-45°]$_S$的断裂。

如图 4.19 所示，如果对层合板 [45°，-45°]$_S$进行拉伸试验（见第 8 章），首先观察±45°层的基体开裂，这主要是由于面内切应力 τ_{lt} 的作用，然后是层间分层，并导致最终断裂。

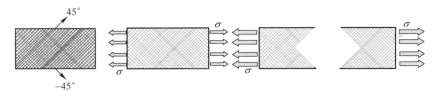

图 4.19　层合板 [45°，-45°]$_S$的损伤情况

第 5 章　单向层的断裂准则

现有文献中关于单向层在平面应力下断裂的准则有很多，而这些准则都是基于五种基本应力状态下建立起来的，这五种基本应力状态分别是纵向拉伸、纵向压缩、横向拉伸、横向压缩，以及面内剪切，如图 5.1 所示。

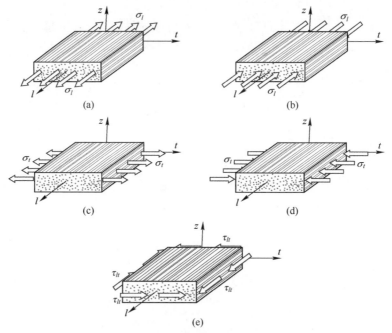

图 5.1　单向层的五种基本应力状态
(a) 纵向拉伸；(b) 纵向压缩；(c) 横向拉伸；(d) 横向压缩；(e) 面内剪切。

如上所述，拉伸与压缩的断裂行为之间存在相当大的差异，这与弹性刚度的情况不同，在弹性刚度的情形下，拉伸和压缩的力学行为差异并不十分明显，即使在某些特定情况下，最大的差异也大约只有 20%。

5.1　最大应力断裂准则

最大应力断裂准则，是指当应力在拉伸、压缩或剪切下达到应力极限时，

单向层就会断裂，表示为

$$\begin{cases} \sigma_l^c \leq \sigma_l \leq \sigma_l^t \\ \sigma_t^c \leq \sigma_t \leq \sigma_t^t \\ |\tau_{lt}| \leq \tau_{lt}^f \end{cases} \text{以及} \begin{cases} \sigma_l^c \leq 0 \\ \sigma_t^c \leq 0 \end{cases} \tag{5.1}$$

式中：σ_l^t、σ_l^c 分别为纵向的拉伸和压缩时的断裂应力；σ_t^t、σ_t^c 分别是横向的拉伸和压缩时的断裂应力；τ_{lt}^f 为剪切断裂应力。例如，对于之前提到的T300/914复合材料，可以给出：

$$\begin{cases} \sigma_l^t = 1500\text{MPa} \\ \sigma_l^c = -1400\text{MPa} \\ \sigma_t^t = 50\text{MPa} \\ \sigma_t^c = -200\text{MPa} \\ \tau_{lt}^f = 75\text{MPa} \end{cases} \tag{5.2}$$

对于没有剪切的双轴加载，得到了矩形形式的断裂应力包络线，如图5.2所示。

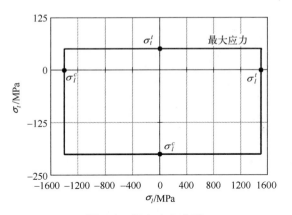

图5.2 最大应力准则

例：可以使用最大应力断裂准则来确定单向层在其正交各向异性轴上拉伸/压缩时的断裂点，如图5.3所示。

由此得

$$\boldsymbol{\sigma} = \begin{bmatrix} \sigma_x \\ 0 \\ 0 \end{bmatrix}_{(x,y)} = \begin{bmatrix} \sigma_x c^2 \\ \sigma_x s^2 \\ -\sigma_x sc \end{bmatrix}_{(l,t)} = \begin{bmatrix} \sigma_l \\ \sigma_t \\ \tau_{lt} \end{bmatrix}_{(l,t)} \tag{5.3}$$

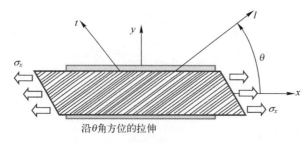

图 5.3 单向层的偏轴拉伸试验

当式（5.1）中五个不等式之一不再满足时，即得到 σ_x 的极限值：

$$\begin{cases} \sigma_l^c \leqslant \sigma_x c^2 \leqslant \sigma_l^t \\ \sigma_t^c \leqslant \sigma_x s^2 \leqslant \sigma_t^t \\ |\sigma_x sc| \leqslant \tau_{lt}^f \end{cases} \quad (5.4)$$

要求 σ_x 的值必须位于图 5.4 的六条曲线内，以避免断裂。

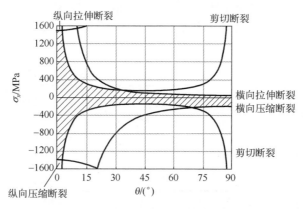

图 5.4 单向层的偏轴拉伸应力极限

在图 5.4 中，给出了不同断裂模式与偏轴角度的关系。同时还注意到，在与 0°纤维取向非常接近的很小误差的偏轴拉伸作用下，其断裂特性会严重下降，并从一种纤维断裂模式转变为另一种环氧树脂剪切模式。因此，必须在制造过程中以极高的精度掌控纤维的取向。

这个准则的好处在于它特别简单，只需要用户确定 5 个材料常数。同时，这个准则还给出了所承受的断裂模式，这可以提示人们对使用的纤维铺层顺序进行必要的调整修改，或者需要额外添加铺层以避开断裂的方向。这个准则也可对断裂结果的理解产生细微差别，即只要对结构的最终断裂不产生重要影响，环氧树脂中小的断裂是可以接受的。

尽管如此,由于这个准则并没有考虑不同损伤模式之间的相互作用现象,因此与试验结果会存在较大差异,人们在实践中已经观察到了这一差异现象(参见后续部分)。这对于沿纵向的应力 σ_l 和未考虑的面内切应力 τ_{lt} 之间的相互作用特别重要。

示例:偏轴单向层的剪切断裂。

现在可以使用最大应力准则来确定偏轴单向层的剪切极限应力,如图 5.5 所示。

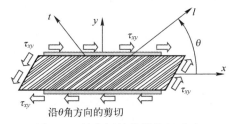

图 5.5 单向层的偏轴剪切试验

给出以下应力状态:

$$\boldsymbol{\sigma} = \begin{bmatrix} 0 \\ 0 \\ \tau \end{bmatrix}_{(x,y)} = \begin{bmatrix} 2sc\tau \\ -2sc\tau \\ (c^2-s^2)\tau \end{bmatrix}_{(l,t)} = \begin{bmatrix} \sigma_l \\ \sigma_t \\ \tau_{lt} \end{bmatrix}_{(l,t)} \tag{5.5}$$

因此,如图 5.6 所示。

$$\begin{cases} \sigma_l^c \leqslant -2sc\tau \leqslant \sigma_l^t \\ \sigma_t^c \leqslant 2sc\tau \leqslant \sigma_t^t \\ |s^2-c^2| \leqslant \tau_{lt}^f \end{cases} \tag{5.6}$$

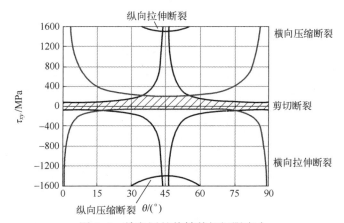

图 5.6 单向层的偏轴剪切极限应力

值得注意的是，实际上并未发生纵向的拉伸断裂。

切应力符号对单向层的影响可能令人惊讶，这一事实可以解释为：纤维处于 45°正的切应力将在基体中产生横向压应力，而纤维处于 45°负的切应力将在基体中产生横向拉应力，如图 5.7 所示。

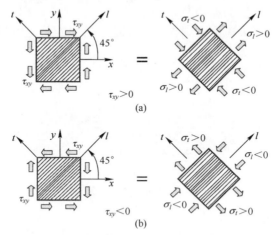

图 5.7　切应力符号对 45°单向层断裂的影响

5.2　最大应变断裂准则

最大应变断裂准则，包括一旦其中一个应变在拉伸、压缩或剪切下达到应变极限，就将单向层视为断裂：

$$\begin{cases} \varepsilon_l^c \leqslant \varepsilon_l \leqslant \varepsilon_l^t \\ \varepsilon_t^c \leqslant \varepsilon_t \leqslant \varepsilon_t^t \\ |\gamma_{lt}| \leqslant \gamma_{lt}^f \end{cases} \text{以及} \begin{cases} \varepsilon_l^c \leqslant 0 \\ \varepsilon_t^c \leqslant 0 \end{cases} \tag{5.7}$$

式中：ε_l^t、ε_l^c 分别为纵向拉伸和压缩的断裂应变；ε_t^t、ε_t^c 分别为横向拉伸和压缩的断裂应变；γ_{lt}^f 为剪切断裂应变。可以通过式（5.8）将不同的最大应变与最大应力联系起来：

$$\begin{cases} \varepsilon_l^t = \dfrac{\sigma_l^t}{E_l} \text{和} \varepsilon_l^c = \dfrac{\sigma_l^c}{E_l} \\ \varepsilon_t^t = \dfrac{\sigma_t^t}{E_t} \text{和} \varepsilon_t^c = \dfrac{\sigma_t^c}{E_t} \\ \gamma_{lt}^f = \dfrac{\tau_{lt}^f}{G_{lt}} \end{cases} \tag{5.8}$$

第 5 章 单向层的断裂准则

因此，该准则给出了与纯拉伸/压缩下的最大应力准则相同的值，通过泊松比推导出两个应力之间的相互作用，并表示为

$$\begin{cases} \sigma_l^c \leq \sigma_l - \nu_{lt}\sigma_t \leq \sigma_l^t \\ \sigma_t^c \leq \sigma_t - \nu_{lt}\sigma_l \leq \sigma_t^t \\ |\tau_{lt}| \leq \tau_{lt}^f \end{cases} \quad (5.9)$$

但是，注意到这两种相互作用之间存在很大差异，第一位（式（5.9）的第一行）表征应力 σ_t 对纤维断裂的影响，而第二位（式（5.9）的第二行）表征应力 σ_l 对基体断裂的影响。而当第一个准则讲得通并在实践中能够被观察到时，对应的第二个准则并没有发生。由于应力 σ_l 主要影响纤维，因此对基体断裂的影响很小。

事实上，最大应变准则实际上从未用于表征横向或剪切载荷下的断裂，然而，这个准则对于预测纤维断裂确实有意义，因此，在单向复合材料的情况下，通常使用以下关系：

$$\varepsilon_l^c \leq \varepsilon_l \leq \varepsilon_l^t \quad (5.10)$$

显然，已经写出的准则并没有考虑基体开裂，这对现实实际存在有铺层顺序（纤维在所有 4 个方向 0°、±45°和 90°都有铺层）的情况下一般不会成为问题。所研究层的横向应力不会由隔层纤维承担，而是由其最近的两个垂直邻层纤维承担（0°的层的横向应力由 90°的层纤维承担，反之亦然；而那些在+45°和-45°的层数，反之亦然）。这是个基本概念，因为允许对构成基体破坏的所有准则有一些了解。事实证明，通常没有必要在断裂准则中详细研究基体开裂的影响，因为在实际纤维铺层顺序的情况下，周围的垂直纤维可以承担载荷。显然，这只是在所有方向（0°、±45°和 90°）都有纤维的情况下，而大多数时候都是这种情况。事实上，这也是工业材料在各个方向都使用纤维的部分原因。虽然如此，还请注意研究单向复合材料（所有纤维在同一方向）上的断裂准则非常实用，因为单向复合材料简化了问题，尽管通常不能准确表示真实世界的实际情况。有证据表明，单独观察到的单层行为与其在层合板中的行为大为不同，关于层合板的行为将在接下来的章节中进一步讨论。

应变断裂准则也用于纤维织层的情况，即沿 l 和 t 方向的纤维编织在一起（缎纹、哔叽、塔夫绸等都属于纤维编织）。在这种情况下，在 l 和 t 两个方向上描述应变断裂准则是很有意义的：

$$\begin{cases} \varepsilon_l^c \leq \varepsilon_l \leq \varepsilon_l^t \\ \varepsilon_t^c \leq \varepsilon_t \leq \varepsilon_t^t \end{cases} \quad (5.11)$$

应变准则以其一般形式（式（5.7））转换为双轴加载和无剪切的四边形

断裂包络线。在图 5.8 中，表征基体断裂的应变准则的两条线（通过 σ_t^t 和 σ_t^c 的两条线）的倾斜没有意义，应力 σ_l 实际上对基体的断裂没有影响（因为 σ_l 穿过的是纤维而不是环氧树脂）。

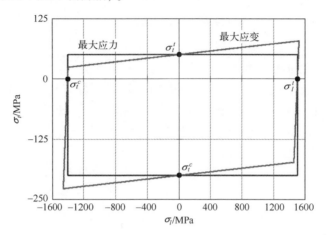

图 5.8　最大应力和最大应变断裂准则

可以使用此准则来确定层合板在正交各向异性偏轴拉伸/压缩应力下的断裂。

这里给出：

$$\boldsymbol{\sigma}=\begin{bmatrix}\sigma_x\\0\\0\end{bmatrix}_{(x,y)}=\begin{bmatrix}\sigma_xc^2\\\sigma_xs^2\\-\sigma_xsc\end{bmatrix}_{(l,t)}=\begin{bmatrix}\sigma_l\\\sigma_t\\\tau_{lt}\end{bmatrix}_{(l,t)} \tag{5.12}$$

并且当 5 个不等式之一不满足时，便可得到 σ_x 的极限值：

$$\begin{cases}\sigma_l^c\leqslant\sigma_x(c^2-\nu_{lt}s^2)\leqslant\sigma_l^t\\\sigma_t^c\leqslant\sigma_x(s^2-\nu_{lt}c^2)\leqslant\sigma_t^t\\|\sigma_xsc|\leqslant\tau_{lt}^f\end{cases} \tag{5.13}$$

如图 5.9 所示，若将此准则与最大应力准则进行比较，这两个准则实际上是相等的。

最大应变准则具有与最大应力准则相似的优点，即需要 5 个材料常数，同样给出了承受的断裂模式的类型，并展示出应力之间的弱相互作用。

以上介绍了最大应力准则和最大应变准则，尽管如此，人们更偏好于希尔（Hill）、蔡-吴（Tsai-Wu）以及山田善（Yamada-Sun）等准则，而不是前面所描述的最大应力和最大应变准则，因为希尔、蔡-吴以及山田善等准则更好地解释了应力张量的不同分量的作用。

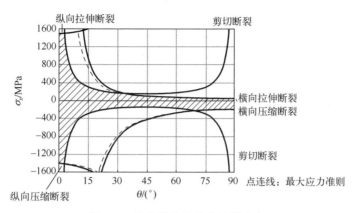

图 5.9 单向层偏轴拉伸极限应力

5.3 希尔准则

希尔准则可以看作冯·米塞斯（Von Mises）准则的推广。冯·米塞斯准则是基于最大应变能的计算，其二维形式可表示为

$$\boldsymbol{\sigma}_{VM} = \sqrt{\sigma_l^2 + \sigma_t^2 - \sigma_l\sigma_t + 3\tau_{lt}^2} \leqslant \sigma_e \tag{5.14}$$

式中：σ_e 为拉伸弹性极限。提醒一下，通过比较冯·米塞斯应力与拉伸应力极限的应力张量的不变量，该准则可用来确定延展性材料的弹性极限，这个准则是为各向同性材料建立的，不区分拉伸和压缩。希尔准则可以看作冯·米塞斯准则的推广：

$$A\sigma_l^2 + B\sigma_t^2 + C\sigma_l\sigma_t + D\tau_{lt}^2 \leqslant 1 \tag{5.15}$$

可以很容易证明，在纵向拉伸下，得

$$A = \frac{1}{(\sigma_l^t)^2} \tag{5.16}$$

在横向拉伸下：

$$B = \frac{1}{(\sigma_t^t)^2} \tag{5.17}$$

在纯剪切下：

$$D = \frac{1}{(\tau_{lt}^f)^2} \tag{5.18}$$

最后，参数 C 是通过考虑在双轴拉伸下（$\sigma_l = \sigma_t$ 和 $\tau_{lt} = 0$）确定的，当 σ_t

达到 σ_t^t 时，将达到断裂，因此可以表示为

$$C = \frac{-1}{(\sigma_t^t)^2} \tag{5.19}$$

事实中，这个假设很难证明，因为对这种正交各向异性材料的双轴拉伸测试时，其 l 和 t 方向的力学行为之间存在很大差异，这很难解释。尽管如此，与其他参数相比，这个参数 C 的影响实际上总体仍然很弱，参数 C 的值对准则几乎没有影响。此外，还可以证明该系数在某些情况下甚至可以采用很荒谬的值，并且经常从准则中删除。

因此，希尔准则的一般形式表示为

$$\left(\frac{\sigma_l}{\sigma_l^{\pm}}\right)^2 + \left(\frac{\sigma_t}{\sigma_t^{\pm}}\right)^2 - \frac{\sigma_l \sigma_t}{(\sigma_l^{\pm})^2} + \left(\frac{\tau_{lt}}{\tau_{lt}^f}\right)^2 \leqslant 1 \tag{5.20}$$

以及

$$\begin{cases} \sigma_l^{\pm} = \sigma_l^t, \text{如果 } \sigma_l > 0 \\ \sigma_l^{\pm} = \sigma_l^c, \text{如果 } \sigma_l < 0 \\ \sigma_t^{\pm} = \sigma_t^t, \text{如果 } \sigma_t > 0 \\ \sigma_t^{\pm} = \sigma_t^c, \text{如果 } \sigma_t < 0 \end{cases} \tag{5.21}$$

该准则给出与纯拉伸/压缩下的最大应力和最大应变准则相同的值，如图 5.10 所示，但会引起应力分量之间的耦合，这是不同损伤类型之间相互作用的一部分。

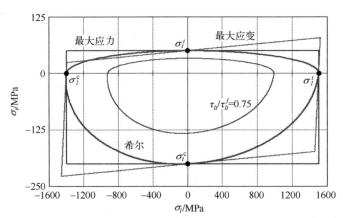

图 5.10 单向层的断裂准则

这更说明了剪切对双轴应力准则的影响。例如，当切应力等于剪切极限应力的 3/4 时：

第 5 章 单向层的断裂准则

$$\frac{\tau_{lt}}{\tau_{lt}^f} = 0.75 \tag{5.22}$$

因此，准则形式简化了很多，如图 5.10 所示。

这里，还可以用这个准则来确定单向层在拉伸/压缩下，如图 5.11 所示的应力极限：

$$\sigma_x^2 \left[\left(\frac{c^2}{\sigma_l^\pm}\right)^2 + \left(\frac{s^2}{\sigma_t^\pm}\right)^2 - \frac{c^2 s^2}{(\sigma_l^\pm)^2} + \left(\frac{sc}{\tau_{lt}^f}\right)^2 \right] \leq 1 \tag{5.23}$$

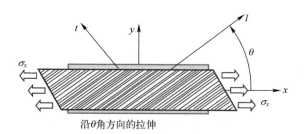

沿 θ 角方向的拉伸

图 5.11 单向层的偏轴拉伸

很容易证明，在大多数情况下，与剪切项相比，乘积项 $\sigma_l \cdot \sigma_t$ 可以忽略不计（图 5.13）。这里，可以根据角度 θ 追踪最大应力的变化。

该结果与最大应变或最大应力准则很接近（实际上是相同的），事实上，可以证明该准则更接近于实际应用。同时还可以追踪希尔准则中 4 个参数项的演变，如图 5.12 所示，以确定每个角度所对应的主要项。

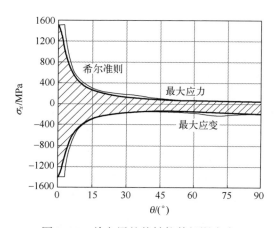

图 5.12 单向层的偏轴拉伸极限应力

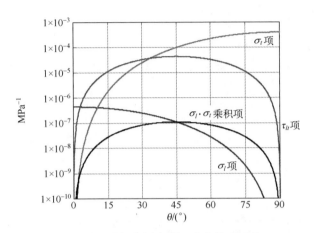

图 5.13 希尔准则中的四个参数项比较

再次重申，对于小角度偏轴，纤维拉伸/压缩占主导地位，而对于大角度偏轴，主要是基体拉伸/压缩，在两者之间，应力主要是基体切应力。至于乘积项，与其他项相比，始终可以忽略不计。

希尔准则的主要不便之处在于它夸大了基体开裂的影响。例如，在对一层为 0°和一层为 90°的层合板进行拉伸试验的情况下，该准则给出了 90°层基体开裂下的早期断裂结论（见 6.4 节）。尽管如此，这种在 90°层的横向开裂下的过早断裂对结构并没有太大的危害，因为该方向的应力由 0°层的纤维承担（90°层的方向 t 也是 0°层的 l 方向）。而且，如果 4 个方向（0°、±45°和 90°）都有纤维来承担载荷，通常考虑基体开裂是没有意义的。实际上在行业内总是如此（这也是为什么所有方向都有纤维铺层的部分原因）。再次记住，研究单向复合材料的断裂准则（所有纤维都在同一方向）非常有用，因为它有助于简化问题，但断裂准则通常是不准确的，因为单向层的行为，或者说独立观察到的单向层的行为与其在层合板中表现的行为大不相同。

为避免在希尔断裂准则中过于重视基体开裂的影响，可以删除 σ_t^2 和 $\sigma_l\sigma_t$ 乘积项，然后给出山田善准则，将在 5.5 节中讨论。

示例：根据希尔准则分析圆筒的扭转。

如图 5.14 所示，厚度为 e、半径为 R 的圆筒加载扭矩，由角度为 α 的单向层包裹制成。用希尔准则确定断裂扭矩 C_r。

假设圆筒很薄，属于薄壁，可以证明只有一个切应力 $\tau_{z\theta}$ 是由扭矩产生的，并且，有

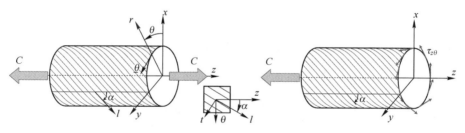

图 5.14 圆筒扭转的研究

$$\tau_{z\theta} = \frac{C}{2\pi R^2 e} \tag{5.24}$$

因此，在单向正交坐标系中，有

$$\boldsymbol{\sigma} = \begin{bmatrix} 0 \\ 0 \\ \tau_{z\theta} \end{bmatrix}_{(z,\theta)} = \begin{bmatrix} \sigma_l \\ \sigma_t \\ \tau_{lt} \end{bmatrix}_{(l,t)} = \tau_{z\theta} \begin{bmatrix} 2sc \\ -2sc \\ c^2 - s^2 \end{bmatrix}_{(l,t)} \tag{5.25}$$

接下来，应用希尔标准准则：

$$\tau_{z\theta}^2 \left(4s^2c^2 \left(\frac{2}{(\sigma_l^\pm)^2} + \frac{1}{(\sigma_t^\pm)^2} \right) + \frac{(c^2-s^2)^2}{(\tau_{lt}^f)^2} \right) \leqslant 1 \tag{5.26}$$

因此，可以追踪剪切极限应力和每种断裂模式的各自影响：

$$\begin{cases} S_l = \dfrac{4s^2c^2}{(\sigma_l^\pm)^2} \\ S_t = \dfrac{4s^2c^2}{(\sigma_t^\pm)^2} \\ S_l S_t = \dfrac{4s^2c^2}{(\sigma_l^\pm)^2} \\ S_{lt} = \dfrac{(c^2-s^2)^2}{(\tau_{lt}^f)^2} \end{cases} \tag{5.27}$$

如图 5.15 所示，这里可以观察到薄壁筒对正 α 角的抵抗力更好。对于这种类型的取向，扭转载荷将导致横向压缩。而对于负 α 角，将导致横向拉伸。例如，对于 $\alpha = 45°$，如图 5.16 所示。

而对于 $\alpha = -45°$，如图 5.17 所示。

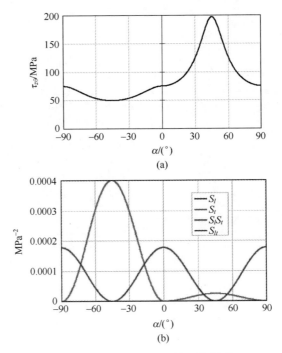

图 5.15 单向圆筒在扭转下的断裂

(a) 剪切应力极限；(b) 希尔准则不同项的影响。

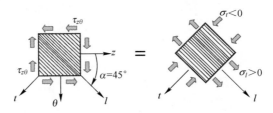

图 5.16 层合板在 45° 的剪切断裂

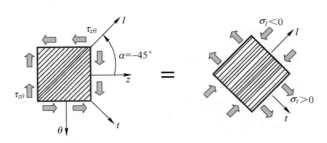

图 5.17 层合板在 -45° 的剪切断裂

5.4 蔡-吴准则

蔡-吴提出了一种断裂准则，该准则具有连续从拉伸到压缩的优点，并无须验证应力的符号。为了实现这一点，在希尔准则中的二次项中添加了一个线性应力项，以增加有关应力符号的信息：

$$f_l \sigma_l + f_t \sigma_t + f_s \tau_{lt} + f_{ll} \sigma_l^2 + f_{tt} \sigma_t^2 + f_{ss} \tau_{lt}^2 \\ + 2f_{lt} \sigma_l \sigma_t + 2f_{ls} \sigma_l \tau_{lt} + 2f_{ts} \sigma_t \tau_{lt} \leqslant 1 \quad (5.28)$$

符号 s 来自剪切。此外，由于该准则并不依赖于 τ_{lt} 的符号，则

$$f_s = f_{ls} = f_{ts} = 0 \quad (5.29)$$

若沿纵向和横向来写此拉伸/压缩准则，在剪切下，得

$$\begin{cases} f_l \sigma_l^t + f_{ll}(\sigma_l^t)^2 \leqslant 1 \\ f_l \sigma_l^c + f_{ll}(\sigma_l^c)^2 \leqslant 1 \\ f_t \sigma_t^t + f_{tt}(\sigma_t^t)^2 \leqslant 1 \\ f_t \sigma_t^c + f_{tt}(\sigma_t^c)^2 \leqslant 1 \\ f_{ss}(\sigma_{lt}^f)^2 \leqslant 1 \end{cases} \quad (5.30)$$

归功于额外增加的试验，可以得到最后一个系数 f_{lt}。例如，如果在 45°进行偏轴拉伸试验，将根据 45°拉伸下的应力极限 σ_{45}^t 得到该系数的表达式：

$$f_{lt} = \frac{2}{(\sigma_{45}^t)^2}\left[1 - \frac{\sigma_{45}^t}{2}\left(\frac{1}{\sigma_l^t} + \frac{1}{\sigma_l^c} + \frac{1}{\sigma_t^t} + \frac{1}{\sigma_t^c}\right) - \frac{(\sigma_{45}^t)^2}{2}\left(\frac{1}{\sigma_l^t \sigma_l^c} + \frac{1}{\tau_{lt}^2}\right)\right] \quad (5.31)$$

尽管如此，在大多数情况下，这个系数并不太重要，可以以令人满意的方式近似表示为（有时甚至为0）

$$f_{lt} \approx -\frac{1}{2}\sqrt{f_{ll} f_{tt}} \quad (5.32)$$

因此，蔡-吴准则表示为

$$\left(\frac{1}{\sigma_l^t} + \frac{1}{\sigma_l^c}\right)\sigma_l - \frac{\sigma_l^2}{\sigma_l^t \sigma_l^c} + \left(\frac{1}{\sigma_t^t} + \frac{1}{\sigma_t^c}\right)\sigma_t - \frac{\sigma_t^2}{\sigma_t^t \sigma_t^c} - \frac{\sigma_l \sigma_t}{\sqrt{\sigma_l^t \sigma_l^c \sigma_t^t \sigma_t^c}} + \left(\frac{\tau_{lt}}{\tau_{lt}^f}\right)^2 \leqslant 1 \quad (5.33)$$

这个准则与压缩下的希尔准则有很大的不同。

该准则解释了横向压缩对纵向压缩阻力的有益影响。实际上，纵向压缩下的断裂是由于纤维的微屈曲，而横向压缩确实会使这种屈曲变得稳定并延迟了压缩断裂。

事实上，很难在压缩/压缩（双向压缩）下得出两个准则中哪个最好的结

论。例如，可以证明横向压缩相对于纵向压缩有稳定的效果，对于受限层（被不同方向其他层包围）来说是相当真实的，但对于厚的或孤立的单向层则较少验证。而且，更普遍的是，压缩下复合材料结构的分级准则仍然是一个重要且悬而未决的问题，已经成为众多研究的焦点。

此外，蔡-吴准则与希尔准则一样，考虑了剪切对双轴应力准则的影响。例如，如果切应力等于剪切极限应力的3/4：

$$\frac{\tau_{lt}}{\tau_{lt}^f}=0.75 \tag{5.34}$$

然后，该准则得到同样多的简化（图5.18）。

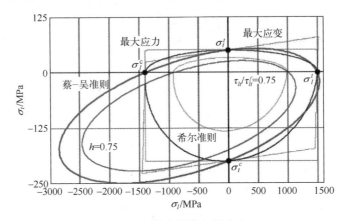

图5.18 单向层的极限应力

这里，可以使用这个准则来确定偏轴单向层的应力极限。

与双轴应力的情况不同，蔡-吴准则与希尔准则非常接近，如图5.19所示。这是因为准则的剪切部分很快超过了准则的压缩部分。在实践中，这个准则给出了比较好的结果，并且像希尔准则一样被广泛使用。

2003年，举行了一项国际运用会议（"全球失效运用"[37]）以测试单向复合材料的不同断裂模型，如图5.20所示。使用的材料是带有玻璃纤维和环氧树脂的单向层复合材料。第一次比较是使用面内的双轴应力（σ_l, σ_t）（在本出版物中称为σ_x和σ_y）。遗憾的是，在拉伸/压缩下没有试验结果。尽管如此，看到希尔准则和蔡-吴准则（在本出版物中称为蔡准则）解释了拉伸/压缩之间的相互作用，这与最大应力和最大应变准则不同。

第二个比较是在横向拉伸/压缩σ_t和面内剪切τ_{lt}之间进行的，如图5.21所示。观察到存在横向压缩时单向复合材料的抗剪强度增加，这是因为压缩会减少剪切引起的拉伸分量（在纯剪切下，在±45°处会产生两个等于±τ的主应力）：

第 5 章 单向层的断裂准则

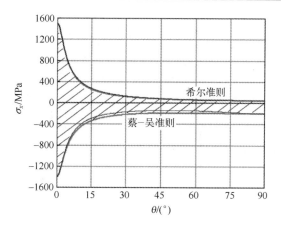

图 5.19 单向层的偏轴拉伸极限应力

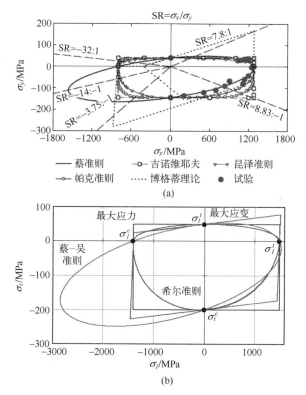

图 5.20 （a）在 (σ_l, σ_t) 平面上，整体失效测试过程中不同断裂准则的比较[37]，
（b）并与本书提供的准则进行比较

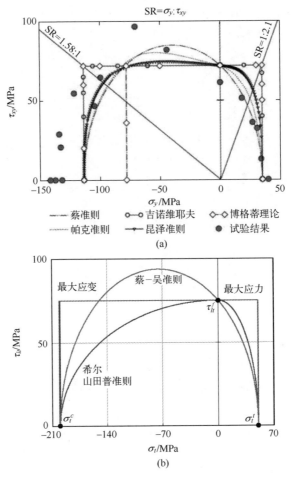

图 5.21 (a) 在 (σ_l, σ_t) 平面上,整体失效测试过程中不同断裂准则的比较[37],(b) 并与本书所提供的准则进行比较

$$\boldsymbol{\sigma} = \begin{bmatrix} 0 \\ \sigma_t \\ \tau_{lt} \end{bmatrix}_{(l,t)} = \begin{bmatrix} \sigma_{\mathrm{I}} \\ \sigma_{\mathrm{II}} \\ 0 \end{bmatrix} = \begin{bmatrix} \sigma_t/2 + \sqrt{(\sigma_t/2)^2 + \tau_{lt}^2} \\ \sigma_t/2 - \sqrt{(\sigma_t/2)^2 + \tau_{lt}^2} \\ 0 \end{bmatrix}_{(x_{\mathrm{I}}, x_{\mathrm{II}})} \quad (5.35)$$

因此

$$\sigma_{\mathrm{I},\mathrm{II}} < \tau_{lt} \text{ 如果} \begin{cases} \sigma_t < 0 \\ \tau_{lt} > 0 \end{cases} \quad (5.36)$$

然而,该材料在压缩下比在拉伸下更具抵抗力,较低的横向压应力的

效果将是有益的。显然，如果继续增加压缩（绝对值），试样在压缩下就会出现裂缝，蔡-吴准则（在本出版物中称为蔡准则）相对较好地呈现了这种效果，即使可以证明这种效果在该准则中完全是偶然的（这是一个巧合）。

5.5 山田善准则

为避免在希尔准则中过度考虑基体裂纹，可以删除 σ_t^2 和 $\sigma_l\sigma_t$ 两项，这样就给出山田善准则：

$$\left(\frac{\sigma_l}{\sigma_l^\pm}\right)^2 + \left(\frac{\tau_{lt}}{\tau_{lt}^f}\right)^2 \leqslant 1 \qquad (5.37)$$

以及

$$\begin{cases} \sigma_l^\pm = \sigma_l^t \\ \sigma_l^\pm = \sigma_l^c \end{cases} \text{如果} \begin{matrix} \sigma_l > 0 \\ \sigma_l < 0 \end{matrix} \qquad (5.38)$$

该准则主要关注纤维断裂（即使可以证明剪切项也包含基体开裂）。因此，不能单独用于单向层的断裂，而是用于预测层合板的断裂。事实上，这就是为什么在 (σ_l, σ_t) 面内追踪这个准则是没有意义的（因此不会被追踪），它只会给出两条垂直的直线：

$$\begin{cases} \sigma_l = \sigma_l^t \\ \sigma_l = \sigma_l^c \end{cases} \qquad (5.39)$$

这并不意味着沿 t 方向的横向拉伸不存在断裂，而是该准则不考虑这种断裂，因为它在层合板的情况下是次要的。换句话说，仅当存在至少一个其他垂直于载荷方向的铺层（除了加载方向上的层）时，才能使用该准则。

同样，该准则不能用于预测偏轴单向层的断裂。然而，该准则可用于追踪 (σ_l, τ_{lt}) 面内的断裂，大家很容易证明，使用希尔准则也可以发现与此相同的结果（图 5.21）。

此外，如果在所有 4 个方向（0°、±45°和 90°）上都有纤维来承担载荷，那么考虑基体开裂通常是没有意义的，这在工业领域用途中几乎总是如此（实际上，这就是总是在各个方向都有铺层的部分原因）。

因此，山田善准则是业内最常用的准则，将在本书中广泛使用。

5.6 结　　论

最后，在结束本章时，请大家永远不要忘记，这些准则从来都不是绝对的真理：它们试图解释现实的模型，当仔细观察时，现实几乎总是变得越来越复杂。有证据表明，断裂准则被认为是正确的，直到被证明是错误的，或者更准确地说，直到试验测试证明它是正确的（这迟早会发生，因为一个准则只在给定的领域中保持正确）。

第6章 复合材料层合板的薄膜行为

6.1 概述和符号标记

把多个单向层通过界面叠加连接在一起而组成的板称为层合板,如图6.1所示。

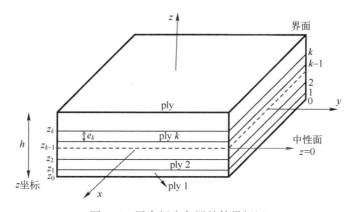

图6.1 层合板内各层的符号标记

对各单向层自下向上进行编号。标记 e_k 是第 k 层的厚度,z_{k-1} 和 z_k 是第 k 层上下界面的 z 坐标。中性面取层合板的厚度中间面,层合板的厚度记为 h。例如,对于铺设顺序:

$$[0°,0°,45°,45°,45°,90°,90°,90°,90°,90°,90°,45°,45°,45°,0°,0°]$$

将写成:$[0°_2,45°_3,90°_3]_S$

其中下标数字表示该方向的层数,下角标 S 表示最终的对称性。

假设层合板很薄,应力状态看成平面应力状态,例如,层 k 中的应力和应变可表示为

$$\begin{cases} \boldsymbol{\sigma}^k = \begin{bmatrix} \sigma_l^k(z) \\ \sigma_t^k(z) \\ \tau_{lt}^k(z) \end{bmatrix}_{(l,t)} \\ \boldsymbol{\varepsilon}^k = \begin{bmatrix} \varepsilon_l^k(z) \\ \varepsilon_t^k(z) \\ \gamma_{lt}^k(z) \end{bmatrix}_{(l,t)} \quad z_{k-1} \leqslant z \leqslant z_k \end{cases} \tag{6.1}$$

大多数情况下，应力取决于坐标 z。

在开始具体计算薄膜行为层合板的弯曲变形之前，重申什么是板模型是有益的，以及它为什么是有益的。板模型可以将实际的三维空间问题转换为二维平面问题（从而使原始问题更加简化）。

板模型的目标是重新组合关于中性面的所有必要信息，以便仅使用这些信息即可进行所需的计算。一旦完成关于中性面的计算，就可以使用这些数据来评估板内各处的应力场和应变场（简而言之，这取决于到中性面的距离）。

在实践中将看到，知道了合成力、合成力矩、薄膜应变和板中性面的曲率，就可以评估整个板在不同厚度的应力场和应变场（例如，应用断裂准则）。然后，将板的整体构成分配到一个刚度矩阵中，该矩阵将力（这里指广义力，在这种情况下，为合成力和合成力矩[①]）与应变（广义应变的意义，在这种情况下，为薄膜应变和板曲率）联系起来。因此，可以简单地使用应力、应变和刚度矩阵这三个量进行所有计算，一旦确定了这三个量，就可以给出整个板沿厚度的应力和应变分布。显然这与梁理论的分析过程类似，梁理论把三维问题简化为沿梁的中性纤维轴的一维问题。

6.2 层合板的薄膜行为、弯曲行为和镜像对称

考虑当所有外载荷都是位于其中性面内的作用力时，并且中性面不会承受面外方向的变形，称板的这种变形行为为薄膜行为，如图 6.2（a）所示。

反之，若外部载荷使其中性面发生变形并产生面外位移，通过该中性面的力矩或面外的力作用时，则板的变形行为为弯曲行为，如图 6.2（b）所示。

对于层合板，可以证明，若外部载荷是其中性面内的力（而不是力矩），则该板的变形形式为薄膜行为位移，并呈镜像对称性。

---

① 注：合成力，即截面内力，包括轴力和剪力；合成力矩即截面内力矩，包括扭矩和弯矩。

第6章 复合材料层合板的薄膜行为

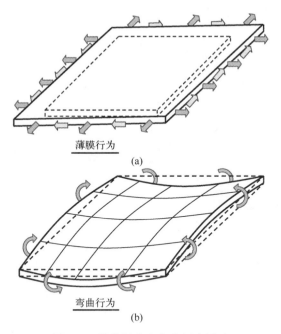

图 6.2 薄膜行为和弯曲行为图示

若层合板中性面的铺层顺序是具有对称的平面，则层合板呈现镜像对称性，如 $[0_2^\circ, 45_3^\circ, 0_2^\circ]$ 或者 $[90_2^\circ, 45^\circ, 90_2^\circ]$ 都属于镜像对称性。

实际上，大多数层合板都呈现镜像对称性，因为这样可以避免冷却过程中板的扭曲。事实上，层合板常常在高温下聚合而成，如环氧树脂聚合温度通常为120℃，因此如果板没有呈现镜像对称性，冷却后就会引起扭曲，如图6.3所示。

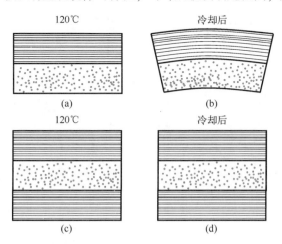

图 6.3 制造层合板后冷却过程中镜像对称的影响

然而，在某些特殊情况下，板并不遵从这种镜像对称性，如果板是弯曲的（称其为壳而不是板），因为结构的这种特殊形状，可以避免扭曲。例如，对于直升机上的后螺旋桨叶片（图6.4），铺层顺序通常由两层纤维组成[0°/90°,45°/-45°]，而叶片机匣的形状和泡沫的存在避免了冷却过程中的扭曲。

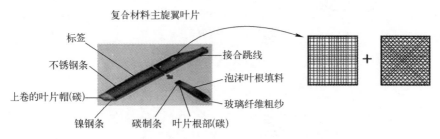

图6.4 直升机后主旋翼叶片示意图和铺层顺序

镜像对称性还能避免层合板中薄膜行为和弯曲行为的耦合：

（1）作用在中性面内的外载荷只会引起中性面的面内位移，如图6.5所示。

（2）作用在中性面外的外部力矩载荷仅导致中性面的面外位移，如图6.5所示（一阶近似）。

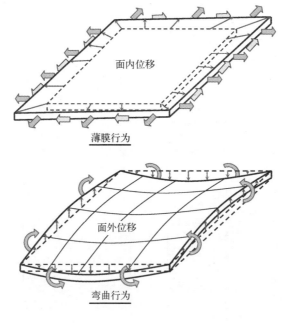

图6.5 载荷作用下薄膜和弯曲的位移

在6.3节，将研究仅限于具有镜像对称性的层合板的薄膜行为，而在第7章中，将研究普遍情况。

6.3 合 成 力

法矢量 y 面上的应力，如图 6.6 所示。

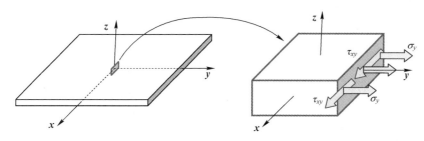

图 6.6　法矢量 y 面上的应力

该面受到沿 y 方向的正应力 σ_y 和沿 x 方向的切应力 τ_{xy} 的影响。这些应力通常取决于 z 坐标。可以沿 z 方向对它们求和，以定义整个板沿厚度上的应力的合成特性：

$$\begin{cases} N_y = \int_{-h/2}^{h/2} \sigma_y \mathrm{d}z \\ T_{xy} = \int_{-h/2}^{h/2} \tau_{xy} \mathrm{d}z \end{cases} \tag{6.2}$$

类似，对于沿 x 方向受正应力 σ_x 和沿 y 方向受切应力 τ_{xy} 的法矢量 $\boldsymbol{x}$ 的面，可以表示为

$$\begin{cases} N_x = \int_{-h/2}^{h/2} \sigma_x \mathrm{d}z \\ T_{xy} = \int_{-h/2}^{h/2} \tau_{xy} \mathrm{d}z \end{cases} \tag{6.3}$$

因此，如图 6.7 所示，可以定义沿 x 方向的法向合成力 N_x、沿 y 方向的法向合成力 N_y 和剪切合成力 T_{xy}：

$$\begin{cases} N_x = \int_{-h/2}^{h/2} \sigma_x \mathrm{d}z \\ N_y = \int_{-h/2}^{h/2} \sigma_y \mathrm{d}z \\ T_{xy} = \int_{-h/2}^{h/2} \tau_{xy} \mathrm{d}z \end{cases} \tag{6.4}$$

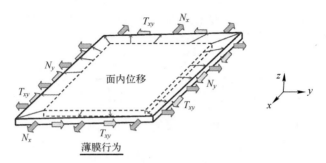

图 6.7 薄膜行为上的全部合成力

重要的是要注意单位：这些合成力的单位用 N/mm 表示，表示由一个方板单位长度上所承受的力。特别是，对于边长为 dx 和 dy 的板上，受到以下力的作用，如图 6.8 所示。

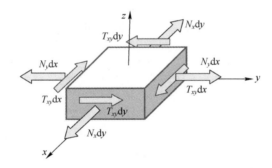

图 6.8 薄膜行为载荷下，边为 dx 和 dy 的正方形上的力

还可以证明，无论 dx 和 dy 的值如何，该板都处于平衡状态。

6.4 位移场、应力场和应变场

如果呈镜像对称性的层合板在其中性面受到合成力（N_x、N_y 和 T_{xy}）的外载荷作用（图 6.9），则位移是面内位移，且沿厚度均匀分布：

$$\boldsymbol{u}(M(x,y,z)) = \begin{bmatrix} u(x,y,z) \\ v(x,y,z) \\ 0 \end{bmatrix}_{(x,y,z)} \quad \boldsymbol{u}(M_0(x,y,0)) = \begin{bmatrix} u_0(x,y) \\ v_0(x,y) \\ 0 \end{bmatrix}_{(x,y,z)} \quad (6.5)$$

$M(x,y,z)$ 是板的一个任意点，$u(M)$ 和 $v(M)$ 为其在面内的位移，$M_0(x,y,0)$ 点是 $M(x,y,z)$ 在中性面的投影，$u_0(M_0)$ 和 $v_0(M_0)$ 为该点的位移。

这样，就可以确定在整个厚度范围内均匀分布的应变：

第6章 复合材料层合板的薄膜行为

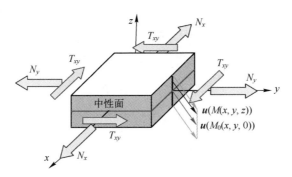

图6.9 薄膜行为载荷下板的位移

$$\boldsymbol{\varepsilon}(M(x,y,z)) = \begin{bmatrix} \varepsilon_x(x,y,z) \\ \varepsilon_y(x,y,z) \\ \gamma_{xy}(x,y,z) \end{bmatrix}_{(x,y)} = \boldsymbol{\varepsilon}(M_0(x,y,0)) = \begin{bmatrix} \varepsilon_{0x}(x,y) \\ \varepsilon_{0y}(x,y) \\ \gamma_{0xy}(x,y) \end{bmatrix}_{(x,y)}$$

(6.6)

应变在整个厚度上是均匀分布的,如图6.10(a)所示,并且其单层内的行为是弹性和均匀的,而从一层到下一层则不同。除其他因素外,应变取决于铺层的方向。在同一层内的应力将是均匀的,然而从一层到另一层应力则是不同的,如图6.10(b)所示(界面之间可能存在不连续性)。例如,对于层 k:

$$\boldsymbol{\sigma}^k(M(x,y,z)) = \begin{bmatrix} \sigma_x^k(x,y,z) \\ \sigma_y^k(x,y,z) \\ \tau_{xy}^k(x,y,z) \end{bmatrix}_{(x,y)} \quad (1 \leq k \leq n \text{ 以及 } z_{k-1} \leq z \leq z_k) \quad (6.7)$$

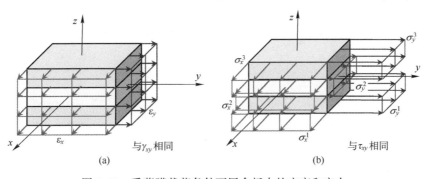

图6.10 受薄膜载荷条件下层合板中的应变和应力

这样可将合成力的表达式简化为

$$\begin{cases} N_x = \int_{-h/2}^{h/2} \sigma_x \mathrm{d}z = \sum_{k=1}^{n} \sigma_x^k e^k \\ N_y = \int_{-h/2}^{h/2} \sigma_y \mathrm{d}z = \sum_{k=1}^{n} \sigma_y^k e^k \\ T_{xy} = \int_{-h/2}^{h/2} \tau_{xy} \mathrm{d}z = \sum_{k=1}^{n} \tau_{xy}^k e^k \end{cases} \quad (6.8)$$

对于第 k 层，应用弹性本构关系，得

$$\begin{bmatrix} \sigma_x^k \\ \sigma_y^k \\ \tau_{xy}^k \end{bmatrix}_{(x,y)} = \begin{bmatrix} Q_{11}^k & Q_{12}^k & Q_{16}^k \\ Q_{12}^k & Q_{22}^k & Q_{26}^k \\ Q_{16}^k & Q_{26}^k & Q_{66}^k \end{bmatrix}_{(x,y)} \begin{bmatrix} \varepsilon_{0x} \\ \varepsilon_{0y} \\ \gamma_{0xy} \end{bmatrix}_{(x,y)} \quad (1 \leqslant k \leqslant n) \quad (6.9)$$

因此，合成力与层合板的应变之间的关系为

$$\begin{bmatrix} N_x \\ N_y \\ T_{xy} \end{bmatrix}_{(x,y)} = \begin{bmatrix} A_{11} & A_{12} & A_{16} \\ A_{12} & A_{22} & A_{26} \\ A_{16} & A_{26} & A_{66} \end{bmatrix}_{(x,y)} \begin{bmatrix} \varepsilon_{0x} \\ \varepsilon_{0y} \\ \gamma_{0xy} \end{bmatrix}_{(x,y)} \quad (6.10)$$

以及

$$\boldsymbol{A}_{ij} = \sum_{k=1}^{n} \boldsymbol{Q}_{ij}^k e^k \quad (6.11)$$

这里还要注意单位。应变是无单位的，合成力的单位是 N/mm，刚度 $\boldsymbol{A}_{ij}$ 的单位是 N/mm。

有时，也定义沿厚度内的平均应力：

$$\begin{cases} \sigma_{0x} = \frac{1}{h} N_x = \frac{1}{h} \sum_{k=1}^{n} \sigma_x^k e^k \\ \sigma_{0y} = \frac{1}{h} N_y = \frac{1}{h} \sum_{k=1}^{n} \sigma_y^k e^k \\ \tau_{0xy} = \frac{1}{h} T_{xy} = \frac{1}{h} \sum_{k=1}^{n} \tau_{xy}^k e^k \end{cases} \quad (6.12)$$

这些平均应力只是平均值，并不适用于材料特性的研究。用这些平均应力来描述断裂准则没有任何特定的实际意义。

这里也定义了层合板的平均刚度矩阵：

$$\begin{bmatrix} \sigma_{0x} \\ \sigma_{0y} \\ \tau_{0xy} \end{bmatrix}_{(x,y)} = \begin{bmatrix} A_{11}/h & A_{12}/h & A_{16}/h \\ A_{12}/h & A_{22}/h & A_{26}/h \\ A_{16}/h & A_{26}/h & A_{66}/h \end{bmatrix}_{(x,y)} \begin{bmatrix} \varepsilon_{0x} \\ \varepsilon_{0y} \\ \gamma_{0xy} \end{bmatrix}_{(x,y)} \quad (6.13)$$

式中：A_{ij}/h 为平均刚度（MPa）。

6.5 拉伸/剪切耦合

由于项 A_{16} 和 A_{26} 通常不为 0，因此拉伸/压缩行为和剪切行为之间存在耦合，就像单向层受到偏离，其正交各向异性轴的应力一样。但是，如果 $+\theta$ 处的层数等于 $-\theta$ 处的层数，则这些耦合项为 0。在实践中，经常看到 0°、90°、+45° 和 -45° 处的层数以及 +45° 处的层数与 -45° 处的层数一样多。

因此

$$\begin{bmatrix} N_x \\ N_y \\ T_{xy} \end{bmatrix}_{(x,y)} = \begin{bmatrix} A_{11} & A_{12} & 0 \\ A_{12} & A_{22} & 0 \\ 0 & 0 & A_{66} \end{bmatrix}_{(x,y)} \begin{bmatrix} \varepsilon_{0x} \\ \varepsilon_{0y} \\ \gamma_{0xy} \end{bmatrix}_{(x,y)} \quad (6.14)$$

示例：层合板 $[0,90]_S$。

如图 6.11 所示，考虑一厚度为 $h=1\text{mm}$ 的层合板，具有 $[0,90]_S$ 铺层顺序（即 4 层，每层 0.25mm 厚），由 T300/914 制成，力学特性为

$$\begin{cases} E_l = 134\text{GPa} \\ E_t = 7\text{GPa} \\ \nu_{lt} = 0.25 \\ G_{lt} = 4.2\text{GPa} \end{cases} \quad (6.15)$$

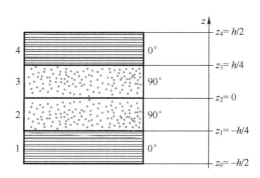

图 6.11 $[0°,90°]_S$ 层合板

这里有

$$\begin{cases} \boldsymbol{Q}_1 = \boldsymbol{Q}_4 = \boldsymbol{Q}(0°) = \begin{bmatrix} \beta E_l & \beta \nu_{lt} E_t & 0 \\ \beta \nu_{lt} E_t & \beta E_t & 0 \\ 0 & 0 & G_{lt} \end{bmatrix}_{(x,y)} \\ \boldsymbol{Q}_2 = \boldsymbol{Q}_3 = \boldsymbol{Q}(90°) = \begin{bmatrix} \beta E_t & \beta \nu_{lt} E_t & 0 \\ \beta \nu_{lt} E_t & \beta E_l & 0 \\ 0 & 0 & G_{lt} \end{bmatrix}_{(x,y)} \end{cases} \quad (6.16)$$

和

$$A_{ij} = \sum_{k=1}^{n} Q_{ij}^k e^k \Rightarrow \begin{cases} \dfrac{A_{11}}{h} = \dfrac{A_{22}}{h} = \dfrac{\beta}{2}(E_l + E_t) \\ \dfrac{A_{12}}{h} = \beta \nu_{lt} E_t \\ \dfrac{A_{16}}{h} = \dfrac{A_{26}}{h} = 0 \\ \dfrac{A_{66}}{h} = G_{lt} \end{cases} \quad (6.17)$$

在 $E_l \gg E_t$ 和 $E_l \gg G_{lt}$ 的情况下：

$$\begin{cases} E_x = E_y \approx \dfrac{E_l}{2} \\ \nu_{xy} \approx 0 \\ G_{xy} = G_{lt} \end{cases} \quad (6.18)$$

得到一种材料，其中沿 $x(y)$ 方向的平均模量归因于沿 $x(y)$ 方向的纤维，并且等于单向层模量的 $1/2$，同时还获得了与原始剪切模量相等的剪切模量。这是有道理的，因为不同层的剪切模量在 (x,y) 坐标中相等。得到了弱的泊松比，因为在沿 $x(y)$ 方向拉伸期间，沿 $y(x)$ 方向的任何收缩都将受到沿 $y(x)$ 方向的纤维的阻碍。

如图 6.12 所示，现在研究这种层合板在简单拉伸情况下的行为

$$N_x = 100 \text{N/mm} \quad (6.19)$$

那么平均应力为

$$\boldsymbol{\sigma}_0 = \begin{bmatrix} \sigma_{0x} \\ 0 \\ 0 \end{bmatrix}_{(x,y)} = \begin{bmatrix} 100 \\ 0 \\ 0 \end{bmatrix}_{(x,y)} \text{（MPa）} \quad (6.20)$$

第 6 章　复合材料层合板的薄膜行为

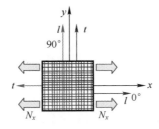

图 6.12　[0°,90°]$_s$ 层合板的拉伸

为了确定每个层中的不同应力和应变，首先对刚度矩阵 A 求逆，然后再乘以合成力以获得薄膜行为应变（在这种情况下 $N_y = T_{xy} = 0$）：

$$\boldsymbol{\varepsilon}_0 = A^{-1} \begin{bmatrix} N_x \\ N_y \\ T_{xy} \end{bmatrix} = \begin{bmatrix} 1415 \\ -35 \\ 0 \end{bmatrix}_{(x,y)} (\mu\varepsilon) \quad (6.21)$$

由此，可以确定层坐标系中的应变。

对于 0°的 1 层和 4 层：

$$\boldsymbol{\varepsilon}_0^1 = \boldsymbol{\varepsilon}_0^4 = \boldsymbol{\varepsilon}_0 = \begin{bmatrix} 1415 \\ -35 \\ 0 \end{bmatrix}_{(l,t)} (\mu\varepsilon) \quad (6.22)$$

对于 90°的 2 层和 3 层：

$$\boldsymbol{\varepsilon}_0^2 = \boldsymbol{\varepsilon}_0^3 = \boldsymbol{\varepsilon}_0 = \begin{bmatrix} -35 \\ 1415 \\ 0 \end{bmatrix}_{(l,t)} (\mu\varepsilon) \quad (6.23)$$

使用这些符号时要小心。坐标 (l,t) 取决于所选的层。

接下来，通过将这些应变与用 (l,t) 表示的刚度矩阵 Q 相乘（这意味着所有层都相同）得到以下结果。

对于 0°的 1 层和 4 层：

$$\boldsymbol{\sigma}_0^1 = \boldsymbol{\sigma}_0^4 = \begin{bmatrix} 190 \\ 2.2 \\ 0 \end{bmatrix}_{(l,t)} (\text{MPa}) \quad (6.24)$$

对于 90°的 2 层和 3 层：

$$\boldsymbol{\sigma}_0^2 = \boldsymbol{\sigma}_0^3 = \begin{bmatrix} -2.2 \\ 10 \\ 0 \end{bmatrix}_{(l,t)} (\text{MPa}) \quad (6.25)$$

而且，在所有符合逻辑的表示中，沿 x 方向的拉应力几乎完全由 0°方向铺设的纤维来承担，如图 6.13 所示。

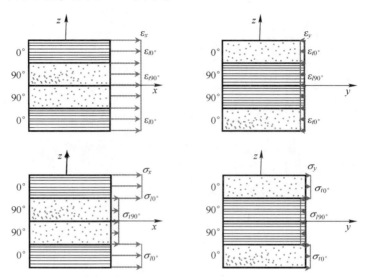

图 6.13 拉伸载荷下 $[0°,90°]_s$ 层合板中的应变和应力

在图 6.13 中，用完整的形式小心谨慎地呈现每个符号，每次指定 l 和 t 是应用于 0°层还是 90°层（通常不是这种情况，因为这需要创建太多符号）。因此观察到：

(1) 应变 ε_x 在整个厚度上是均匀的，因为是薄膜行为载荷，等于 0°方向层纵向应变 $\varepsilon_{l0°}$ 和 90°方向层横向应变 $\varepsilon_{t90°}$。

(2) 应变 ε_y 在整个厚度上是均匀的，因为它是薄膜行为载荷，等于 90°时的层纵向应变 $\varepsilon_{l90°}$ 和 0°时的层横向应变 $\varepsilon_{t0°}$。

(3) 每个单层的应力 σ_x 是均匀的（但从一层到下一层则不同），因为这是薄膜行为载荷，并且在 0°的层中等于纵向应力 $\sigma_{l0°}$，在 90°的层中等于横向应力 $\sigma_{t90°}$。另外，σ_x 的平均值确实等于平均应力 $\sigma_{0x}=100\text{MPa}$，但 0°方向层所承担的应力几乎是平均应力的 2 倍。

(4) 每个层的应力 σ_y 是均匀的（但从一层到下一层不同），因为这是薄膜行为载荷，并且在 90°的层中等于纵向应力 $\sigma_{l90°}$，在 0°的层中等于横向应力 $\sigma_{t0°}$。另外，σ_y 的平均值为 0，因为沿 y 方向的平均应力为 0（$\sigma_{0y}=0\text{MPa}$）。

可以根据层合板的方向追踪模量的变化（图 6.14）。

其中 $E_0=70.7\text{GPa}$（图 6.15）是 $\theta=0°$ 时沿 x 方向的弹性模量。在 0°方向和 90°方向获得最大弹性模量，并且模量 E_x 和 E_y 相等。剪切模量在 0°和 90°方向的值等于 G_{lt}，并在 45°处达到最大值。实际上，剪切会在±45°方向层引起拉

第 6 章 复合材料层合板的薄膜行为

伸/压缩。这种现象将在下面的例子中说明。如前所述，泊松比在 0°和 90°方向实际上为 0，可以证明在 45°处它是最大值，并且在 45°处的值约为 0.8。至于耦合系数，由于对称性，它们在 0°、45°和 90°处为 0。在这三种情况下，材料是正交各向异性的（至少就其薄膜行为而言）并沿其正交各向异性轴加载。

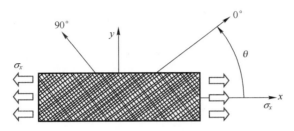

图 6.14 $[0°, 90°]_S$ 层合板的偏轴拉伸

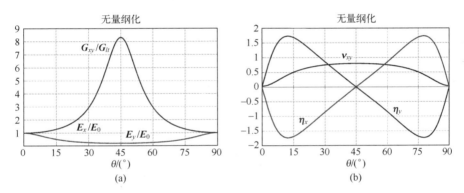

图 6.15 $[0°, 90°]_S$ 层合板的偏轴拉伸下的弹性特性

示例：层合板 $[45°, -45°]_S$。

如图 6.16 所示，考虑厚度为 h 和 $[45°, -45°]_S$ 铺层顺序的板。

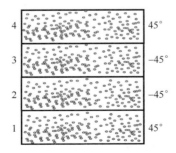

图 6.16 $[45°, -45°]_S$ 层合板

75

这里得到

$$\begin{cases} \mathbf{Q}_1 = \mathbf{Q}_4 = \mathbf{Q}(45°) = \\ \begin{bmatrix} \dfrac{\beta}{4}(E_l+E_t+2\nu_{lt}E_t)+G_{lt} & \dfrac{\beta}{4}(E_l+E_t+2\nu_{lt}E_t)-G_{lt} & \dfrac{\beta}{4}(E_l-E_t) \\ \dfrac{\beta}{4}(E_l+E_t+2\nu_{lt}E_t)-G_{lt} & \dfrac{\beta}{4}(E_l+E_t+2\nu_{lt}E_t)+G_{lt} & \dfrac{\beta}{4}(E_l-E_t) \\ \dfrac{\beta}{4}(E_l-E_t) & \dfrac{\beta}{4}(E_l-E_t) & \dfrac{\beta}{4}(E_l+E_t-2\nu_{lt}E_t) \end{bmatrix}_{(x,y)} \\ \mathbf{Q}_2 = \mathbf{Q}_3 = \mathbf{Q}(-45°) = \\ \begin{bmatrix} \dfrac{\beta}{4}(E_l+E_t+2\nu_{lt}E_t)+G_{lt} & \dfrac{\beta}{4}(E_l+E_t+2\nu_{lt}E_t)-G_{lt} & \dfrac{\beta}{4}(E_t-E_l) \\ \dfrac{\beta}{4}(E_l+E_t+2\nu_{lt}E_t)-G_{lt} & \dfrac{\beta}{4}(E_l+E_t+2\nu_{lt}E_t)+G_{lt} & \dfrac{\beta}{4}(E_t-E_l) \\ \dfrac{\beta}{4}(E_t-E_l) & \dfrac{\beta}{4}(E_t-E_l) & \dfrac{\beta}{4}(E_l+E_t-2\nu_{lt}E_t) \end{bmatrix}_{(x,y)} \end{cases}$$

(6.26)

和

$$\mathbf{A}_{ij} = \sum_{k=1}^{n} \mathbf{Q}_{ij}^k e^k \Rightarrow \begin{cases} \dfrac{A_{11}}{h} = \dfrac{A_{22}}{h} = \dfrac{\beta}{4}(E_l + E_t + 2\nu_{lt}E_t) + G_{lt} \\ \dfrac{A_{12}}{h} = \dfrac{\beta}{4}(E_l + E_t + 2\nu_{lt}E_t) - G_{lt} \\ \dfrac{A_{16}}{h} = \dfrac{A_{26}}{h} = 0 \\ \dfrac{A_{66}}{h} = \dfrac{\beta}{4}(E_l + E_t - 2\nu_{lt}E_t) \end{cases}$$

(6.27)

或者在 $E_l \gg E_t$ 和 $E_l \gg G_{lt}$ 的情况下：

$$\begin{cases} E_x = E_y \approx 4G_{lt} \\ \nu_{xy} \approx 1 \\ G_{xy} \approx \dfrac{E_l}{4} \end{cases}$$

(6.28)

因此，对于纤维的模量，沿着 $x(y)$ 方向得到较低平均模量，因为沿 $x(y)$ 面方向的载荷主要产生切应变 γ_{lt}。

现在来研究这个层合板在简单拉伸载荷作用下的行为：

第6章 复合材料层合板的薄膜行为

$$N_x = 100\text{N/mm} \tag{6.29}$$

平均应力为

$$\boldsymbol{\sigma}_0 = \begin{bmatrix} \sigma_{0x} \\ 0 \\ 0 \end{bmatrix}_{(x,y)} = \begin{bmatrix} 100 \\ 0 \\ 0 \end{bmatrix}_{(x,y)} \text{（MPa）} \tag{6.30}$$

通过对刚度矩阵 A 求逆，得

$$\boldsymbol{\varepsilon}_0 = \begin{bmatrix} 6642 \\ -5263 \\ 0 \end{bmatrix}_{(x,y)} \text{（μɛ）} \tag{6.31}$$

或者在各层的坐标系中，存在以下结果。

对于 45°的 1 层和 4 层：

$$\boldsymbol{\varepsilon}_0^1 = \boldsymbol{\varepsilon}_0^4 = \boldsymbol{\varepsilon}_0 = \begin{bmatrix} 690 \\ 690 \\ -11905 \end{bmatrix}_{(l,t)} \text{（μɛ）和 } \boldsymbol{\sigma}_0^1 = \boldsymbol{\sigma}_0^4 = \begin{bmatrix} 94 \\ 6 \\ -50 \end{bmatrix}_{(l,t)} \text{（MPa）} \tag{6.32}$$

对于-45°的第 2 层和第 3 层：

$$\boldsymbol{\varepsilon}_0^2 = \boldsymbol{\varepsilon}_0^3 = \boldsymbol{\varepsilon}_0 = \begin{bmatrix} 690 \\ 690 \\ 11905 \end{bmatrix}_{(l,t)} \text{（μɛ）和 } \boldsymbol{\sigma}_0^2 = \boldsymbol{\sigma}_0^3 = \begin{bmatrix} 94 \\ 6 \\ 50 \end{bmatrix}_{(l,t)} \text{（MPa）} \tag{6.33}$$

因此，沿 x 方向的拉伸将由纤维中的拉伸和剪切力承担。显然，剪切刚度低于纤维刚度，这种低刚度将决定层合板在拉伸载荷下的刚度，因此，刚度也很低，并受剪切模量控制。这解释了泊松比是在 1 的数量级，因为这种拉伸主要产生切应变。

最后，获得了由纤维刚度控制的剪切模量，因此远高于初始剪切模量。这是因为（x,y）中的切应力将分解为 45°处的拉伸和-45°处的压缩，因此将在 45°和-45°方向对纤维加载，如图 6.17 所示。

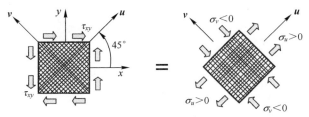

图 6.17 在 45°方向层的切应力

这个基本点可以概况如下：

为了获得更高剪切刚度，需要将纤维放置在+45°和-45°处。

最后，可以根据层合板的方向研究该层合板的刚度模量。这显然提供了与偏轴45°的层合板 [0°,90°]$_S$ 相同的曲线。再次观察到最大剪切模量在45°方向。

示例：准各向同性层合板。

如果希望实现平面各向同性层合板，这意味着在所有方向上都表现出相同的行为（并且由于制造原因，仅在0°、90°、45°和-45°处使用单向层板），同时考虑镜像对称性，则一般使用下面的铺层顺序（图 6.18）：

$$[0°,45°,90°,-45°]_S$$

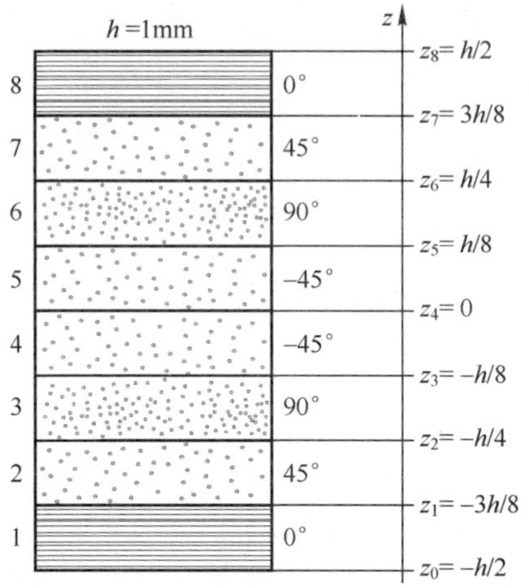

图 6.18 准各向同性层合板 [0°,45°,90°,-45°]$_S$

这里重申，使用复合材料来实现各向同性板通常没有意义，因为复合材料的重点是针对结构使其适应不同的载荷。这种使用各向同性材料的做法反映的是一种习惯，源于金属设计，在金属材料中，板通常是各向同性的。

然后得

$$\boldsymbol{A}_{ij} = \sum_{k=1}^{n} \boldsymbol{Q}_{ij}^{k} e^{k} \Rightarrow \begin{cases} \dfrac{A_{11}}{h} = \dfrac{A_{22}}{h} = \dfrac{\beta}{8}(3E_l + 3E_t + 2\nu_{lt}E_t) + G_{lt} \\ \dfrac{A_{12}}{h} = \dfrac{\beta}{8}(E_l + E_t + 6\nu_{lt}E_t) - \dfrac{G_{lt}}{2} \\ \dfrac{A_{16}}{h} = \dfrac{A_{26}}{h} = 0 \\ \dfrac{A_{66}}{h} = \dfrac{\beta}{8}(E_l + E_t - 2\nu_{lt}E_t) + \dfrac{G_{lt}}{2} \end{cases} \quad (6.34)$$

第6章 复合材料层合板的薄膜行为

在 $E_l \gg E_t$ 和 $E_l \gg G_{lt}$ 的情况下:

$$\begin{cases} E_x = E_y \approx \dfrac{E_l}{3} \\ \nu_{xy} \approx \dfrac{1}{3} \\ G_{xy} \approx \dfrac{E_l}{8} \end{cases} \quad (6.35)$$

因此,沿 $x(y)$ 方向的模量与纤维具有的刚度相关联,主要是与 0°(90°) 处的纤维有关,部分与 ±45° 方向的纤维有关。至于剪切模量,完全是由于 ±45° 方向的纤维。另外,可以看到,将剪切模量与各向同性材料的弹性模量和泊松比联系起来的关系式为

$$G = \dfrac{E}{2(1+\nu)} \quad (6.36)$$

实际上,与 E_l 相比,E_t 和 G_{lt} 并不是真的可以忽略不计,对这些结论需要更细致入微的考虑。

例如,考虑 T300/914 受拉伸的影响(图 6.19):

$$\begin{cases} N_x = 100\text{N/mm} \\ h = 1\text{mm} \\ \sigma_{0x} = 100\text{MPa} \end{cases} \text{以及} \begin{cases} E_l = 134\text{GPa} \\ E_t = 7\text{GPa} \\ \nu_{lt} = 0.25 \\ G_{lt} = 4.2\text{GPa} \end{cases} \quad (6.37)$$

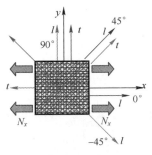

图 6.19 拉伸下的准各向同性层合板 [0°, 45°, 90°, -45°]$_s$

然后得到以下结果。

对于 0° 方向的 1 层和 8 层:

$$\boldsymbol{\varepsilon}_0^1 = \boldsymbol{\varepsilon}_0^8 = \boldsymbol{\varepsilon}_0 = \begin{bmatrix} 1982 \\ -603 \\ 0 \end{bmatrix}_{(l,t)} (\mu\varepsilon) \text{ 和 } \boldsymbol{\sigma}_0^1 = \boldsymbol{\sigma}_0^8 = \begin{bmatrix} 265 \\ -0.8 \\ 0 \end{bmatrix}_{(l,t)} (\text{MPa}) \qquad (6.38)$$

对于45°方向的2层和7层：

$$\boldsymbol{\varepsilon}_0^2 = \boldsymbol{\varepsilon}_0^7 = \boldsymbol{\varepsilon}_0 = \begin{bmatrix} 690 \\ 690 \\ -2585 \end{bmatrix}_{(l,t)} (\mu\varepsilon) \text{ 和 } \boldsymbol{\sigma}_0^2 = \boldsymbol{\sigma}_0^7 = \begin{bmatrix} 94 \\ 6.1 \\ -11 \end{bmatrix}_{(l,t)} (\text{MPa}) \qquad (6.39)$$

对于90°方向的3层和6层：

$$\boldsymbol{\varepsilon}_0^3 = \boldsymbol{\varepsilon}_0^6 = \boldsymbol{\varepsilon}_0 = \begin{bmatrix} -603 \\ 1982 \\ 0 \end{bmatrix}_{(l,t)} (\mu\varepsilon) \text{ 和 } \boldsymbol{\sigma}_0^3 = \boldsymbol{\sigma}_0^6 = \begin{bmatrix} -78 \\ 13 \\ 0 \end{bmatrix}_{(l,t)} (\text{MPa}) \qquad (6.40)$$

对于-45°方向的4层和5层：

$$\boldsymbol{\varepsilon}_0^4 = \boldsymbol{\varepsilon}_0^5 = \boldsymbol{\varepsilon}_0 = \begin{bmatrix} 690 \\ 690 \\ 2585 \end{bmatrix}_{(l,t)} (\mu\varepsilon) \text{ 和 } \boldsymbol{\sigma}_0^4 = \boldsymbol{\sigma}_0^5 = \begin{bmatrix} 94 \\ 6.1 \\ 11 \end{bmatrix}_{(l,t)} (\text{MPa}) \qquad (6.41)$$

通过这种方式，可以观察到，当准各向同性层合板承受平均拉伸应力时，0°方向层承受的应力几乎是纤维方向应力的3倍，而±45°处的层承受的应力是几乎与平均应力相同的应力（沿纤维方向），并且90°方向层经历几乎相等的压缩应力（绝对值）。这特别说明了必须始终注意平均应力的符号，因为没有任何层会感觉到它（一些层承受的应力更多，一些层承受的应力更少），并且永远不应将其应用于断裂准则。

可以根据层合板的方向追踪准各向同性层合板的模量的变化（图6.20和图6.21）。

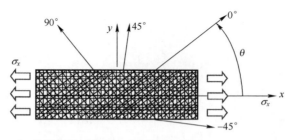

图6.20　偏轴拉伸下的准各向同性层合板 [0°,45°,90°,-45°]$_S$

这里，名词Lapalissade，即准各向同性层合板，实际上是各向同性的。在接下来的章节中，将证明如果是对于薄膜行为，刚度是平面各向同性的，而对于弯曲行为，刚度却不是这种情况，因此使用"准各向同性"。

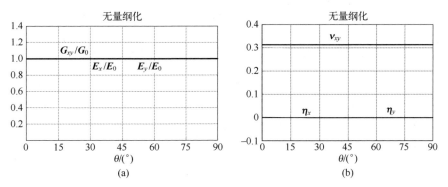

图 6.21　偏轴拉伸下准各向同性层合板 $[0°,45°,90°,-45°]_s$ 的弹性特性

第 7 章 复合材料层合板的弯曲行为

7.1 符号规定

这里的符号规定与第 6 章中所表示的符号相同（图 7.1）。

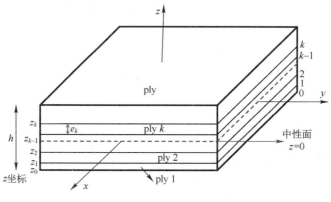

图 7.1 层合板的各层符号表示

7.2 合成力矩

在第 6 章中提出的合成力基础上：

$$\begin{cases} N_x = \int_{-h/2}^{h/2} \sigma_x \mathrm{d}z \\ N_y = \int_{-h/2}^{h/2} \sigma_y \mathrm{d}z \\ T_{xy} = \int_{-h/2}^{h/2} \tau_{xy} \mathrm{d}z \end{cases} \quad (7.1)$$

应力 σ_x、σ_y 和 τ_{xy} 将在中性面上产生合成力矩（图 7.2 和图 7.3）：

$$\begin{cases} M_x = \int_{-h/2}^{h/2} z\sigma_x \mathrm{d}z \\ M_y = \int_{-h/2}^{h/2} z\sigma_y \mathrm{d}z \\ M_{xy} = \int_{-h/2}^{h/2} z\tau_{xy} \mathrm{d}z \end{cases} \quad (7.2)$$

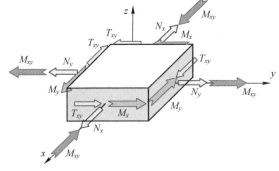

图 7.2 薄膜行为/弯曲行为载荷下的层合板（三维表示）

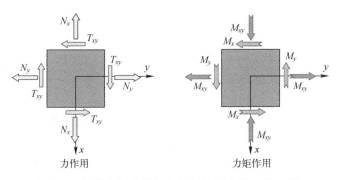

图 7.3 薄膜和弯曲载荷作用下的层合板（平面图）

注意单位：这里合成力矩的单位是 N·mm/mm，或以 N 为单位，表示由具有单元体单侧板承受的力矩。

考虑到这些定义，如图 7.4 所示，$M_x(M_y)$ 表示由于 $\sigma_x(\sigma_y)$ 作用在法矢量 $x(y)$ 面上所产生的合成力矩，因此指向 $y(-x)$ 方向；M_{xy} 表示由于切应力 τ_{xy} 作用在法矢量 x 面上所产生的合成力矩，因此其指向沿 $-x$ 方向，或是与作用在法矢量 y 面上的应力 τ_{xy} 对称，因此指向沿 y 方向。$M_x(M_y)$ 表示绕 $y(x)$ 轴弯曲的合成力矩，T_{xy} 表示扭转的合成力矩。

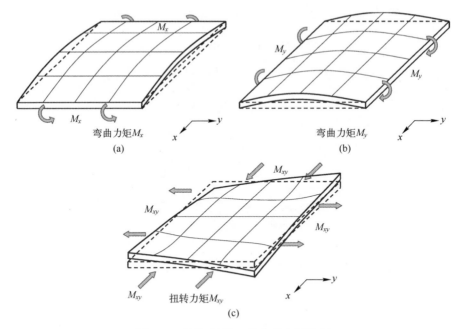

图 7.4 弯曲/扭转三种合成力矩作用

7.3 位移场、应力场和应变场

考虑一个层合板，呈现镜像对称，在其中性面受到外部合成力矩（M_x、M_y 和 M_{xy}）作用。应用勒夫-基尔霍夫假设（Love-Kirschoff）：变形前中性面的法矢量在变形后依然保持为垂直于中性面的线段，如图 7.5 所示。

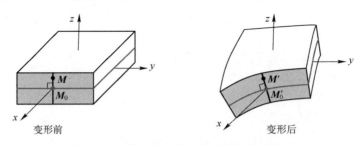

图 7.5 弯曲行为载荷作用下板的位移变化

如图 7.6 所示，层合板的任意给定点 $M(x,y,z)$ 的位移可以表示为

第 7 章 复合材料层合板的弯曲行为

$$u(M(x,y,z)) = \begin{bmatrix} u(x,y,z) \\ v(x,y,z) \\ w(x,y,z) \end{bmatrix}_{(x,y,z)} = \begin{bmatrix} u_0(x,y) - z\dfrac{\partial w_0}{\partial x}(x,y) \\ v_0(x,y) - z\dfrac{\partial w_0}{\partial y}(x,y) \\ w_0(x,y) \end{bmatrix}_{(x,y,z)} \quad (7.3)$$

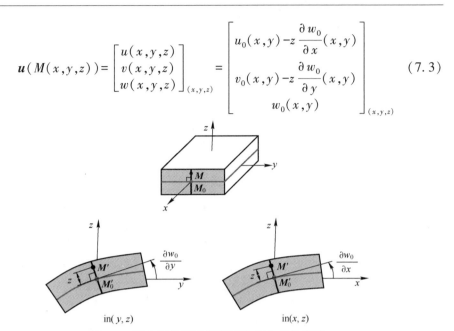

图 7.6 弯曲行为载荷作用下的板上点的位移

其中位移 $u_0(x,y)$ 和 $v_0(x,y)$ 是（乍一看）第 6 章中讨论的薄膜行为加载结果，位移 $w_0(x,y)$ 是由弯曲产生的中性面沿 z 方向的位移，$\partial w_0/\partial x$ ($\partial w_0/\partial y$) 表示中性面法矢量沿 $-y(x)$ 方向的转角。然后可以推导出应变。不同于薄膜行为加载的情况下在整个厚度上是恒定的，现在应变是在整个厚度上呈线性分布，如图 7.7 所示。

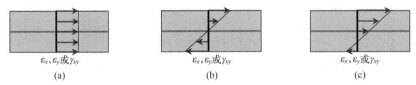

图 7.7 层合板内的薄膜应变和弯曲应变
（a）薄膜；（b）弯曲；（c）薄膜/弯曲。

$$\varepsilon(M(x,y,z)) = \begin{bmatrix} \varepsilon_x(x,y,z) \\ \varepsilon_y(x,y,z) \\ \gamma_{xy}(x,y,z) \end{bmatrix}_{(x,y,z)} = \begin{bmatrix} \dfrac{\partial u_0}{\partial x}(x,y) - z\dfrac{\partial^2 w_0}{\partial x^2}(x,y) \\ \dfrac{\partial v_0}{\partial y}(x,y) - z\dfrac{\partial^2 w_0}{\partial y^2}(x,y) \\ \dfrac{\partial u_0}{\partial y}(x,y) + \dfrac{\partial v_0}{\partial x}(x,y) - 2z\dfrac{\partial^2 w_0}{\partial x \partial y}(x,y) \end{bmatrix}_{(x,y)}$$

$$(7.4)$$

而且

$$\varepsilon(M(x,y,z)) = \varepsilon_0(M_0(x,y)) + z k_0(M_0(x,y))$$

$$= \begin{bmatrix} \varepsilon_{0x}(x,y) \\ \varepsilon_{0y}(x,y) \\ \gamma_{0xy}(x,y) \end{bmatrix}_{(x,y)} + z \begin{bmatrix} k_{0x}(x,y) \\ k_{0y}(x,y) \\ k_{0xy}(x,y) \end{bmatrix}_{(x,y)} \quad (7.5)$$

其中

$$k_0(M_0(x,y)) = \begin{bmatrix} -\dfrac{\partial^2 w_0}{\partial x^2}(x,y) \\ -\dfrac{\partial^2 w_0}{\partial y^2}(x,y) \\ -2\dfrac{\partial^2 w_0}{\partial x \partial y}(x,y) \end{bmatrix}_{(x,y)} = \begin{bmatrix} k_{0x}(x,y) \\ k_{0y}(x,y) \\ k_{0xy}(x,y) \end{bmatrix}_{(x,y)} \quad (7.6)$$

式中：$k_0(M_0(x,y))$ 为在中性面中定义的板的曲率。继而中性面的信息，即它的平面应变和曲率，由此可以确定板的任何给定点的应变（意味着已经成功建立了一个板模型）。

如图 7.8 所示，由于应变沿整个厚度上是线性分布的，并且各层的行为在单个层内是弹性均匀的，但从一层到下一层则不同，因此应变在每个层中都是线性的，界面处可能存在不连续性。

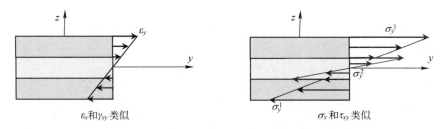

图 7.8　层合板内的弯曲应变和应力

与薄膜行为的情况一样，一旦知道了各层的本构关系，就可以从产生的应变中确定应力：

$$\begin{bmatrix} \sigma_x^k \\ \sigma_y^k \\ \tau_{xy}^k \end{bmatrix}_{(x,y)} = \begin{bmatrix} Q_{11}^k & Q_{12}^k & Q_{16}^k \\ Q_{12}^k & Q_{22}^k & Q_{26}^k \\ Q_{16}^k & Q_{26}^k & Q_{66}^k \end{bmatrix}_{(x,y)} \begin{bmatrix} \varepsilon_x \\ \varepsilon_y \\ \gamma_{xy} \end{bmatrix}_{(x,y)} \quad (1 \leqslant k \leqslant n) \quad (7.7)$$

表示为

$$\begin{bmatrix} \sigma_x^k \\ \sigma_y^k \\ \tau_{xy}^k \end{bmatrix}_{(x,y)} = \begin{bmatrix} Q_{11}^k & Q_{12}^k & Q_{16}^k \\ Q_{12}^k & Q_{22}^k & Q_{26}^k \\ Q_{16}^k & Q_{26}^k & Q_{66}^k \end{bmatrix}_{(x,y)} \begin{bmatrix} \varepsilon_{0x} \\ \varepsilon_{0y} \\ \gamma_{0xy} \end{bmatrix}_{(x,y)} \\ + z \begin{bmatrix} Q_{11}^k & Q_{12}^k & Q_{16}^k \\ Q_{12}^k & Q_{22}^k & Q_{26}^k \\ Q_{16}^k & Q_{26}^k & Q_{66}^k \end{bmatrix}_{(x,y)} \begin{bmatrix} k_{0x} \\ k_{0y} \\ k_{0xy} \end{bmatrix}_{(x,y)} \quad (1 \leqslant k \leqslant n) \tag{7.8}$$

沿厚度积分后，就可以根据中性面的应变和曲率确定合成力和合成力矩：

$$\begin{bmatrix} N_x \\ N_y \\ T_{xy} \\ M_x \\ M_y \\ M_{xy} \end{bmatrix}_{(x,y)} = \begin{bmatrix} \boldsymbol{A} & \boldsymbol{B} \\ \boldsymbol{B} & \boldsymbol{D} \end{bmatrix} \begin{bmatrix} \varepsilon_{0x} \\ \varepsilon_{0y} \\ \gamma_{0xy} \\ k_{0x} \\ k_{0y} \\ k_{0xy} \end{bmatrix}_{(x,y)} \tag{7.9}$$

其中

$$\begin{cases} \boldsymbol{A}_{ij} = \sum_{k=1}^{n} \boldsymbol{Q}_{ij}^k (z^k - z^{k-1}), \text{单位为 N/mm} \\ \boldsymbol{B}_{ij} = \sum_{k=1}^{n} \boldsymbol{Q}_{ij}^k \frac{(z^k)^2 - (z^{k-1})^2}{2}, \text{单位为 N} \\ \boldsymbol{D}_{ij} = \sum_{k=1}^{n} \boldsymbol{Q}_{ij}^k \frac{(z^k)^3 - (z^{k-1})^3}{3}, \text{单位为 N·mm} \end{cases} \tag{7.10}$$

式中：$\boldsymbol{A}$ 为之前讨论的 3×3 薄膜行为刚度矩阵；$\boldsymbol{D}$ 为 3×3 弯曲行为刚度矩阵；$\boldsymbol{B}$ 为薄膜行为和弯曲行为之间的薄膜/弯曲耦合矩阵。

再次注意单位：应变是无单位的，曲率的单位是 mm^{-1}，合成力的单位是 N/mm，合成力矩的单位是 N，这意味着刚度 $\boldsymbol{A}_{ij}$ 的单位是 N/mm，刚度 $\boldsymbol{B}_{ij}$ 是 N，而刚度 $\boldsymbol{D}_{ij}$ 的单位是 N·mm。而且当然有

$$\begin{cases} \varepsilon_{0x} = \dfrac{\partial u_0}{\partial x} \\ \varepsilon_{0y} = \dfrac{\partial v_0}{\partial y} \\ \gamma_{0xy} = \dfrac{\partial u_0}{\partial y} + \dfrac{\partial v_0}{\partial x} \\ k_{0x} = -\dfrac{\partial^2 w_0}{\partial x^2} \\ k_{0y} = -\dfrac{\partial^2 w_0}{\partial y^2} \\ k_{0xy} = -2\dfrac{\partial^2 w_0}{\partial x \partial y} \end{cases} \quad \begin{cases} N_x = \int_{-h/2}^{h/2} \sigma_x \mathrm{d}z \\ N_y = \int_{-h/2}^{h/2} \sigma_y \mathrm{d}z \\ T_{xy} = \int_{-h/2}^{h/2} \tau_{xy} \mathrm{d}z \\ M_x = \int_{-h/2}^{h/2} z\sigma_x \mathrm{d}z \\ M_y = \int_{-h/2}^{h/2} z\sigma_y \mathrm{d}z \\ M_{xy} = \int_{-h/2}^{h/2} z\tau_{xy} \mathrm{d}z \end{cases} \quad (7.11)$$

薄膜行为/弯曲行为耦合矩阵 **B** 特别意味着，当在其中性面内承受载荷时，层合板将在其中性面外产生变形，或者在弯矩的作用下，它的变形将为薄膜行为，如图 7.9 所示。

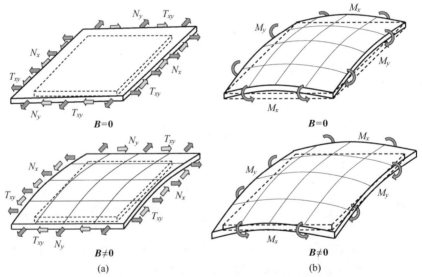

图 7.9　图示分别为薄膜行为和弯曲行为载荷作用下板的变形
（a）薄膜载荷下板的变形；（b）弯曲载荷下板的变形。

尤其对于呈镜像对称的层合板，耦合矩阵 **B** 是 0。由于这种镜像面对称性避免了聚合冷却过程中板的扭曲，因此工业生产中使用的大量层合板呈现镜面对称性。

另外由于 **A** 和 **D** 的表达式，**A** 与层的位置无关，而 **D** 取决于层各自的位

第7章 复合材料层合板的弯曲行为

置。这是因为 A 代表板的面内刚度，基本上取决于每个方向的纤维数量，而 D 表示板的弯曲刚度，取决于每个方向的纤维数量和它们到中性面的位置（距离中性面越远，弯曲行为刚度越大）。

7.4 弯曲/扭转耦合

由于弯曲刚度矩阵的项 D_{16} 和 D_{26} 通常不为 0，因此纯弯曲行为和扭转行为之间存在耦合。与薄膜的情况不同，即使+θ 处的层数与-θ 处的层数相同，这些项也不为 0。尽管如此，如果只有 0°和 90°方向铺层，它们将为 0，在+θ 处的层数与-θ 相同，而且这些层以两个一组的形式聚集在一起（+θ 处为 1 个，-θ 处为 1 个）。

示例：层合板 $[0,90]_S$。

如图 7.10 所示，考虑厚度为 h 且铺层顺序为 $[0,90]_S$ 的板。

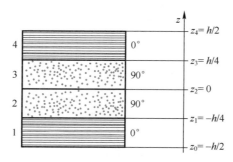

图 7.10 $[0°,90°]_S$ 层合板

然后有

$$\boldsymbol{D}_{ij} = \sum_{k=1}^{n} \boldsymbol{Q}_{ij}^{k} \frac{(z^k)^3 - (z^{k-1})^3}{3} \Rightarrow \begin{cases} \dfrac{D_{11}}{h^3} = \dfrac{\beta}{96}(7E_l + E_t) \\ \dfrac{D_{22}}{h^3} = \dfrac{\beta}{96}(E_l + 7E_t) \\ \dfrac{D_{12}}{h^3} = \dfrac{\beta \nu_{lt} E_t}{12} \\ \dfrac{D_{16}}{h^3} = \dfrac{D_{26}}{h^3} = 0 \\ \dfrac{D_{66}}{h^3} = \dfrac{G_{lt}}{12} \end{cases} \qquad (7.12)$$

在 $E_l \gg E_t$ 和 $E_l \gg G_{lt}$ 的情况下：

$$\begin{cases} \dfrac{D_{11}}{h^3} \approx \dfrac{7E_l}{96} \\[6pt] \dfrac{D_{22}}{h^3} \approx \dfrac{E_l}{96} \\[6pt] \dfrac{D_{12}}{h^3} = \dfrac{\beta \nu_{lt} E_t}{12} \\[6pt] \dfrac{D_{16}}{h^3} = \dfrac{D_{26}}{h^3} = 0 \\[6pt] \dfrac{D_{66}}{h^3} = \dfrac{G_{lt}}{12} \end{cases} \quad (7.13)$$

这里，获得的 D_{11} 值远高于 D_{22}，如图 7.11 所示，因为弯矩 M_x 将沿 0°层纤维方向加载，而 M_y 将在横向对这些层加载。0°层离中性面最远，这意味着它们最有能力提供弯曲刚度 D_{11}。显然，得出了与薄膜行为相同的结论，即要获得一定程度的刚度，纤维方向需要与载荷方向对齐，如图 7.12 和图 7.13 所示。

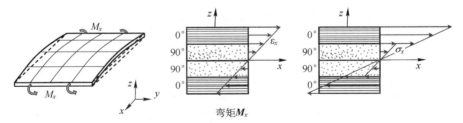

图 7.11　$[0°,90°]_S$ 铺层的板在弯矩 M_x 作用下的应力场

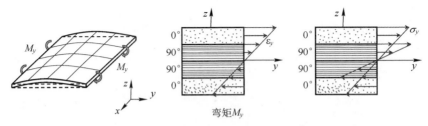

图 7.12　$[0°,90°]_S$ 铺层的板在弯矩 M_y 作用下的应力场

在图 7.13 中，应力 τ_{xy} 的方向对于法矢量 $y(x)$ 的面应沿 $x(y)$ 方向，这在图 7.13 中并非如此，因为这会使图像模糊不清（因此用虚线表示）。

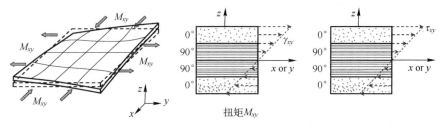

图 7.13 $[0°,90°]_S$ 铺层的板在扭矩 $\boldsymbol{M}_{xy}$ 作用下的应力场

由于树脂的影响，D_{12} 的低值解释了 x 和 y 方向之间的耦合。类似地，D_{66} 较低，这仅仅是由于剪切刚度和树脂所致。最后，D_{16} 和 D_{26} 为 0，因为在 ±45° 方向没有铺层。

例如，考虑 T300/914 受到下面合成力矩的作用，如图 7.14 所示。

$$\begin{cases} M_x = 100\text{N} \\ h = 1\text{mm} \end{cases} \tag{7.14}$$

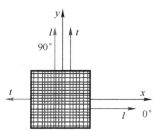

图 7.14 $[0°,90°]_S$ 铺层

这里有

$$\begin{cases} \varepsilon_{0x} = 0\mu\varepsilon \\ \varepsilon_{0y} = 0\mu\varepsilon \\ \gamma_{0xy} = 0\mu\varepsilon \\ k_{0x} = 1.01\times10^{-2}\text{mm}^{-1} \\ k_{0y} = -7.76\times10^{-4}\text{mm}^{-1} \\ k_{0xy} = 0\text{mm}^{-1} \end{cases} \tag{7.15}$$

然后计算应变场：

$$\varepsilon(M(x,y,z)) = \varepsilon_0(M_0(x,y)) + zk_0(M_0(x,y)) \tag{7.16}$$

因此，如图 7.15 所示。

对于 0° 的第 1 层，该值在 $-h/2$ 中为最大值（绝对值），为

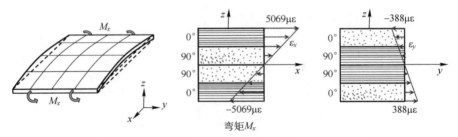

图 7.15 [0°,90°]$_s$ 铺层的板在弯矩 M_x 作用下的应变

$$\begin{cases} \varepsilon_l = -5069\mu\varepsilon \\ \varepsilon_t = 388\mu\varepsilon \\ \gamma_{lt} = 0\mu\varepsilon \end{cases} \text{和} \begin{cases} \sigma_l = -681\text{MPa} \\ \sigma_t = -6.2\text{MPa} \\ \tau_{lt} = 0\text{MPa} \end{cases} \quad (7.17)$$

对于 90°处的 2 层,该值在 $-h/4$ 中为最大值(绝对值),为

$$\begin{cases} \varepsilon_l = 194\mu\varepsilon \\ \varepsilon_t = -2534\mu\varepsilon \\ \gamma_{lt} = 0\mu\varepsilon \end{cases} \text{和} \begin{cases} \sigma_l = 21.6\text{MPa} \\ \sigma_t = -17.5\text{MPa} \\ \tau_{lt} = 0\text{MPa} \end{cases} \quad (7.18)$$

对于 90°的第 3 层,该值在 $-h/4$ 中为最大值(绝对值),为

$$\begin{cases} \varepsilon_l = -194\mu\varepsilon \\ \varepsilon_t = 2534\mu\varepsilon \\ \gamma_{lt} = 0\mu\varepsilon \end{cases} \text{和} \begin{cases} \sigma_l = -21.6\text{MPa} \\ \sigma_t = 17.5\text{MPa} \\ \tau_{lt} = 0\text{MPa} \end{cases} \quad (7.19)$$

对于 0°处的第 4 层,该值为 $-h/2$ 中的最大值(绝对值),为

$$\begin{cases} \varepsilon_l = 5069\mu\varepsilon \\ \varepsilon_t = -388\mu\varepsilon \\ \gamma_{lt} = 0\mu\varepsilon \end{cases} \text{和} \begin{cases} \sigma_l = 681\text{MPa} \\ \sigma_t = 6.2\text{MPa} \\ \tau_{lt} = 0\text{MPa} \end{cases} \quad (7.20)$$

示例:层合板 [45,-45]$_s$。

如图 7.16 所示,考虑厚度为 h、铺层序列 [45,-45]$_s$ 的板。

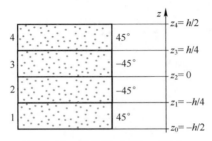

图 7.16 层合板 [45°,-45°]$_s$

第 7 章 复合材料层合板的弯曲行为

这里有

$$D_{ij} = \sum_{k=1}^{n} Q_{ij}^k \frac{(z^k)^3 - (z^{k-1})^3}{3} \Rightarrow \begin{cases} \dfrac{D_{11}}{h^3} = \dfrac{D_{22}}{h^3} = \dfrac{1}{48}(\beta(E_l + E_t + 2\nu_{lt}E_t) + 4G_{lt}) \\ \dfrac{D_{12}}{h^3} = \dfrac{1}{48}(\beta(E_l + E_t + 2\nu_{lt}E_t) - 4G_{lt}) \\ \dfrac{D_{16}}{h^3} = \dfrac{D_{26}}{h^3} = \dfrac{\beta}{64}(E_l - E_t) \\ \dfrac{D_{66}}{h^3} = \dfrac{\beta}{48}(E_l + E_t - 2\nu_{lt}E_t) \end{cases}$$

(7.21)

在 $E_l \gg E_t$ 和 $E_l \gg G_{lt}$ 的情况下：

$$\begin{cases} \dfrac{D_{11}}{h^3} = \dfrac{D_{22}}{h^3} \approx \dfrac{D_{12}}{h^3} \approx \dfrac{D_{66}}{h^3} \approx \dfrac{E_l}{48} \\ \dfrac{D_{16}}{h^3} = \dfrac{D_{26}}{h^3} = \dfrac{E_l}{64} \end{cases}$$

(7.22)

由于对称性，D_{11} 和 D_{22} 相等且具有相对较高的值，因此主要是由施加到 45°纤维上的载荷产生的。然而，由于纤维方向未与弯曲引起的应力方向对齐，因此 [0°,90°]$_S$ 的值仍然低于 D_{11} 的值。扭转刚度 D_{66} 相对较高，因为该载荷 M_{xy} 也会对纤维施加作用。最后，出于同样的原因，沿 x 方向弯曲和沿 y 方向弯曲之间的耦合项 D_{12}，以及弯曲和扭转之间的耦合项将相对较高。

示例：准各向同性层合板。

如图 7.17 所示，考虑一个厚度为 h 且铺层序列为 [0°,45°,90°,-45°]$_S$ 的板。
然后有

$$\begin{cases} \dfrac{D_{11}}{h^3} = \dfrac{\beta}{768}(42E_l + 12E_t + 10\nu_{lt}E_t + 5G_{lt}) \\ \dfrac{D_{22}}{h^3} = \dfrac{\beta}{768}(42E_l + 12E_t + 10\nu_{lt}E_t + 5G_{lt}) \\ \dfrac{D_{12}}{h^3} = \dfrac{\beta}{768}(54\nu_{lt}E_t - 5G_{lt}) \\ \dfrac{D_{16}}{h^3} = \dfrac{D_{26}}{h^3} = \dfrac{3\beta}{128}(E_l - E_t) \\ \dfrac{D_{66}}{h^3} = \dfrac{\beta}{768}(5E_l + 5E_t - 10\nu_{lt}E_t + 44G_{lt}) \end{cases}$$

(7.23)

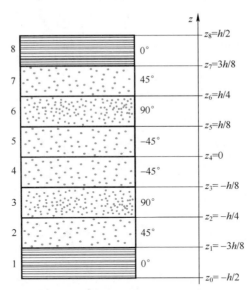

图 7.17　各向同性层合板 [0°,45°,90°,−45°]$_S$

在 $E_l \gg E_t$ 和 $E_l \gg G_{lt}$ 的情况下：

$$\begin{cases} \dfrac{D_{11}}{h^3} \approx 0.055 E_l \\[4pt] \dfrac{D_{22}}{h^3} \approx 0.016 E_l \\[4pt] \dfrac{D_{12}}{h^3} \approx 0 \\[4pt] \dfrac{D_{16}}{h^3} = \dfrac{D_{26}}{h^3} \approx 0.023 E_l \\[4pt] \dfrac{D_{66}}{h^3} \approx 0.007 E_l \end{cases} \qquad (7.24)$$

由于加载力矩 M_x 沿着 0°纤维的方向，刚度 D_{11} 的值较高，D_{22} 的值较低，因为 90°层更靠近中性面，D_{12} 的值较低，这是树脂的结果。

可以质疑这个层合板的各向同性，事实上，在第 6 章中，看到了这个层合板的薄膜行为在平面上是各向同性的。例如，如图 7.18 所示，通过采用上述 T300/914 的特性，在 θ 方向追踪 D_{11}/h^3，会观察到 D_{11} 有相当大的变化（图 7.19）。

D_{11} 在方向接近 0°（或 180°，这是同一回事）时达到最大值，这意味着距离中性面最远的纤维层，即 0°层的纤维，直接沿这个方向加载。尽管如此，其他层的刚度，尤其是45°层的刚度，显然是不可忽略的。类似地，D_{11}在方向接近90°层时达到最小值，但不是沿90°方向层加载。

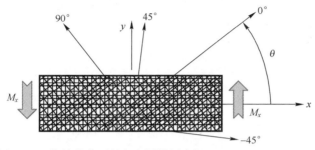

图7.18 偏轴载荷下的各向同性层合板 [0°,45°,90°,-45°]$_S$

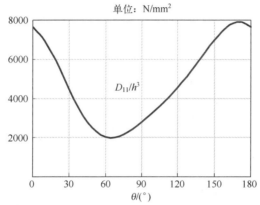

图7.19 偏轴载荷下准各向同性层合板 [0°,45°,90°,-45°]$_S$的弹性弯曲特性 D_{11}

因此，可以再次得出结论，为了获得更大的弯曲刚度，必须在距离中性面最远的纤维方向加载。

最后，注意到准各向同性层合板不是完全各向同性的，这与铝板的情况不同：

$$\begin{cases} \dfrac{D_{11}}{h^3}=\dfrac{D_{22}}{h^3}=\dfrac{E}{12(1-\nu^2)} \\ \dfrac{D_{12}}{h^3}=\dfrac{E\nu}{12(1-\nu^2)} \\ \dfrac{D_{16}}{h^3}=\dfrac{D_{26}}{h^3}=0 \\ \dfrac{D_{66}}{h^3}=\dfrac{E}{24(1+\nu)} \end{cases} \quad 其中 \begin{cases} E=50(\text{GPa}) \\ \nu=0.3 \\ \dfrac{D_{11}}{h^3}=\dfrac{D_{22}}{h^3}\approx 4580(\text{N/mm}^2) \end{cases} \quad (7.25)$$

在航空领域，最常见情况是屈曲，因此需要更大弯曲刚度。事实上，可以证明（见第 12 章）板的抗屈曲刚度与其弯曲刚度是直接相关的。重要的是不要忘记被称为"准各向同性"的层合板的抗屈曲性不是各向同性的。这种各向同性的名称来自薄膜行为刚度。

第8章 层合板的断裂准则

8.1 分级准则

第5章阐述了如何评估复合材料单向层的断裂，在复合材料层合板的情况下，因为必须对层合板的每一层进行断裂评估，所以问题要稍微复杂一些。此外，在实践中，第一个断裂层很少会导致层合板整体完全失效，通常在达到层合板断裂极限之前能够吸收更多的加载。还要记住，结构在其整个生命周期中将可能承受不同的载荷（而不仅仅是一个孤立的载荷，这与学术测试情况下看到的不同），称为"载荷工况"。工程师的职责是确保结构能够支持所有这些载荷工况，而不会破坏和/或发生过度变形。

在航空领域，事情稍微复杂一些，因为必须区分限定载荷（LL）和极限载荷（UL）。航空结构的分级确定确实非常复杂，但可以通过以下描述简明扼要地概括：结构在静态平衡时必须能够支持限定载荷且不会持续损伤（和/或金属材料的塑性），以及能够支持极限载荷且不会出现灾难性故障[14,28,31]。更具体地，限定载荷定义为结构在其生命周期中平均仅承受一次的载荷，对于航空工业来说，是指发生的概率为每个飞行小时大约为 10^{-5} 次（一架飞机大约能够飞行 10^5 h）。至于极限载荷，定义为极不可能的载荷，对于航空领域而言，发生的概率约为每个飞行小时 10^{-9} 次（ACJ25.1309[26]）。在实践中，系数 k 通常介于1.1和1.5之间：

$$UL = kLL \tag{8.1}$$

因此，飞机结构分级的基本原理可以概括如下：

（1）在服役期间，实际载荷或者平均载荷小于或等于限定载荷的条件下，不允许出现损伤或发生永久变形。

（2）结构在测试载荷下，即在具有极不可能的载荷或者平均载荷小于或等于极限载荷条件下，结构必须保持完整。

这里还要增加其他任何偶发的损伤问题。除了抵抗限定载荷和极限载荷之外，结构还必须能够在遭受损伤时（坠落物体、石头撞击、撞击鸟类、闪电等）而不会发生灾难性失效。这就是损伤容限的概念（将在第9章中讨论）。

然而，无论结构分级的复杂性如何，始终可归结为证明结构（具有任何潜在的持续损伤、裂缝或缺失部件）可以承受这样的载荷而不会断裂或发生过度变形。因此，需要基于应力场和/或应变场（或应变能释放率）来确定分级准则，以证明结构可以承受载荷。这些准则显然需要在结构的任何地方和所有可预见的载荷情况下能够得到验证。如果情况并非如此，或者如果这些准则不切合实际（总而言之，如果结构分级准则过于保守导致结构过于笨重），工程师的任务也将包括对结构设计的修改。

虽然列表永远不会真正穷尽所有选项，但可以尝试对复合材料飞机的不同分级情况进行评估，表述如下：

（1）屈曲。这主要根据弯曲刚度项来确定层合板的分级。在航空领域，设计用于承受压缩载荷的薄板制成的结构是很常见的。

（2）刚度。这是根据薄膜行为或弯曲行为刚度项来确定层合板的分级。可以使用空间的例子，其中主要分级准则通常是考虑系统的第一固有频率。

（3）抗损伤性。受损结构要能够承受足够大的载荷。复合材料结构最严重的损伤通常是撞击，撞击后的残余强度准则通常是飞机结构中最具约束性的准则（见第9章）。

（4）老化。航空中使用的树脂，如环氧树脂，会随着时间的推移曝露在潮湿、紫外线等环境中而产生降解。因此，即使在老化之后，结构也必须能够承受载荷。实际上，这并不是一个真正的准则，因为复合材料的分级准则与前面相同，只是新材料的特性取代了旧材料的特性。

（5）界面断裂。本书中执行的所有计算均基于层合板仍为层合板的假设，换言之，所有层间界面都是完整健康的。实际上，在某些情况下，这些界面可能会损伤。例如在板的边缘或当层合板受到轻微撞击时，甚至在钻孔操作过程中制造缺陷。在实践中，这些案例从数字上讲分级很复杂，已经制定了全局标准。尽管如此，这些准则也并非始终称心如意，并导致复合材料的使用超出其实际服役能力。

8.2　复合材料结构测试

在航空领域的复合材料结构认证过程中，需要进行大量的试验测试以确保其抵抗载荷的能力。例如，执行直到最终断裂的试验测试，通常会获得一条曲线，如图8.1所示，其中初始线性部分代表原始结构的刚度，然后是由于各种结构损伤导致的非线性部分。

第 8 章 层合板的断裂准则

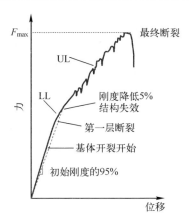

图 8.1 复合材料结构的断裂测试曲线

即使在线性部分，人们也会看到结构内有许多损伤。基体裂纹出现在承载最大的区域，但由于这些裂纹引起的刚度降低仍然很低（大部分刚度与纤维有关），并且是局部的，因此它们对整体刚度的影响一般来说很小，实际上为 0。

继续加载，就会观察到某些层中的首个纤维断裂。当这些纤维断裂维持在局部状态时，对整体刚度的影响仍然很低。因此，通常很难从力/位移曲线中定位这些初始纤维断裂（但在测试过程中可以听到它们，纤维断裂是能量高度集中的现象并且声音可能非常响亮）。为了表征这些初始纤维断裂，通常使用整体刚度降低的准则。例如，考虑结构中刚度降低 5%（取结构的初始刚度，然后将其乘以 0.95，因此这条虚线与实际曲线之间的交点将给出所需的点。参见图 8.1），这就是所称的"结构断裂"。

继续增加载荷，纤维断裂会增加，对结构整体刚度的影响会越来越大。在这部分，常常听到非常剧烈和嘈杂的断裂声，在全局力/位移曲线上很容易看到的（在测试过程中非常令人印象深刻）。最后，如果再增加载荷，就会得到结构的最终断裂（这是非常令人印象深刻的）。

现在可以提出疑问：这个结构可以支持的限定载荷和极限载荷是多少。或者换句话说，要将限定载荷和极限载荷放在这条曲线上的什么位置（实际上，确定一个结构的最大限定载荷和极限载荷几乎等同于真实的问题，这显然是设计一个有限定载荷和极限载荷认知的结构。例如，只需改变板的厚度即可将最大限定载荷和极限载荷锁定为所需的）：

（1）限定载荷通常设置在结构断裂之前，即在纤维发生过多断裂之前。还要记住，对于小于或等于限定载荷的载荷，结构不允许出现损伤或永久变形。然而，注意到，轻微损伤（在这种情况下，或多或少局部基体开裂）是可以容忍的，条件是它们不会过多地降低结构的刚度。换句话说，即使在轻微损伤之后，如果再进行一次测试，也不应该引起注意。

（2）极限载荷介于限定载荷和结构最终断裂之间。重要的是不要将它们设置在离最终断裂太近的情况，以避免不必要的断裂。值得牢记的是，复合材料断裂具有相对较高的可变性，并且经常遇到断裂极限有20%左右的变化波动。

在本书中，将仅限于预测第一个纤维层的断裂，从而建立限定载荷。如果希望根据极限载荷确定结构分级，那么将不得不考虑层片断裂。例如，可以一个接一个地确定每一层的断裂，去除它们的刚度，并评估默认此时结构的刚度，直到全部断裂为止。但是，根据极限载荷确定分级要复杂得多，而且远远超出了本书的范围。然而，这已经成为许多其他相关领域学习和研究的主题[1,13,16,41-42]。

8.3 分级原则

当对结构进行分级时主要考虑两种情况：

（1）结构和载荷是已知的。确定分级的目的是证明结构能够承受载荷而并不断裂，然后确定"储备因数"，也称为"安全因数"（RF）。这导致，例如，将山田善断裂准则应用于整个结构的所有层合板上，不要忘记层合板可以容纳大量层，铺层顺序在整个结构中并不相同。结构、合成力以及合成力矩在结构中从一个点到另一个点都不同。

（2）结构未知，载荷已知。这是航空领域的经典案例，知道结构必须承受载荷，努力寻求设计尽可能轻的结构，问题变为确定使用哪种铺层顺序的问题。为了承受载荷情况，铺层顺序使得结构中从一个点到另一个点承受的载荷明显不同。这里可能注意到，载荷不仅取决于正在研究的点，还取决于结构的特性，换句话说，与纤维的铺层顺序有关。因此，可以证明，对于超静定结构（在现实中往往是这种情况），应力分布取决于结构的刚度，然后通过迭代设计过程以优化结构。

8.4 给定载荷和给定结构的分级

考虑一个具有已知几何特征的复合材料结构，特别是在已知铺层顺序和载荷情况下，原则上，这些几何特征对每个给定的点将是不同的。这样，可以将问题简化为:在每个层中任意给定的点,以及对在给定点上加载,从而确定 RF,即安全因数。

对于具有镜像对称性的薄膜行为载荷的分级过程,可以表示为图 8.2。

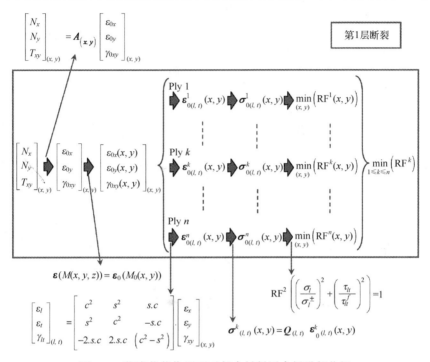

图 8.2 薄膜载荷作用下对复合材料层合板进行分级

基于合成力,可以确定中性面的薄膜行为应变,然后确定每个层中的应变(由于正在研究的是薄膜行为载荷和具有镜像对称性的板,显然,应变沿整个厚度是均匀的)。实际上,这些应变将在 x 和 y 方向上变化,因为刚度在层合板的平面内变化(例如,如果层数发生变化),并且因为载荷随结构中位置的不同而变化。然后,可以确定每个层和 (x,y) 面中的每个点的应力,从而确定 RF 安全因数。如果所有其他层和平面 (x,y) 中的所有点的最小安全因素 RF 都保持在 1 以上,就会得到公认的第一个断裂层并没有发生。

对于弯曲行为中的分级,如图 8.3 所示,问题稍微复杂一些,因为要根据厚度增加这些应变的变化。

基于合成力和合成力矩,可以确定中性面中的薄膜应变和曲率,然后确定在整个厚度上的层中应变,显然它们是不均匀的。实际上,这些应变将随着 x 和 y 变化,因为刚度在层合板面内变化(例如,如果层数发生变化),并且应

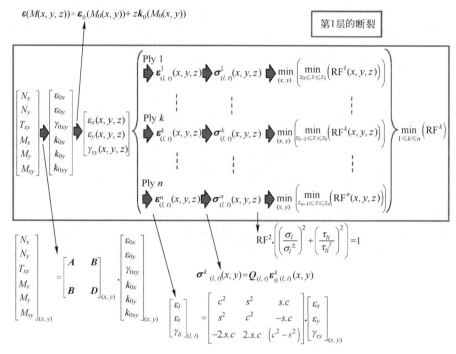

图 8.3 弯曲载荷下复合层合板的分级

力取决于结构中的位置。接下来可以确定每个层的厚度和平面 (x,y) 中每个点的应力,从而确定安全因数 RF。如果在所有层的厚度和平面 (x,y) 中的所有点的最小安全因数 RF 保持在 1 以上,就会确认第 1 个断裂层没有达到。在所有证据中,对于实际问题,这项工作是通过有限元法计算的,结果自动执行。

示例:层合板 $[0,90]_s$。

如图 8.4 所示,考虑厚度为 h 且铺层顺序为 $[0,90]_s$ 的层合板,该板由 T300/914 的单向层板组成,厚度为 0.25mm(存在厚度为 0.125mm 和 0.25mm 两个标准),受合成力 $N_x = 400\text{N/mm}$ 作用。在这里重申 T300/914 的特性:

$$\begin{cases} E_l = 134\text{GPa} \\ E_t = 7\text{GPa} \\ \nu_{lt} = 0.25 \\ G_{lt} = 4.2\text{GPa} \end{cases} \text{和} \begin{cases} \sigma_l^t = 1500\text{MPa} \\ \sigma_l^c = -1400\text{MPa} \\ \sigma_t^t = 50\text{MPa} \\ \sigma_t^c = -200\text{MPa} \\ \tau_{lt}^f = 75\text{MPa} \end{cases} \quad (8.2)$$

第8章 层合板的断裂准则

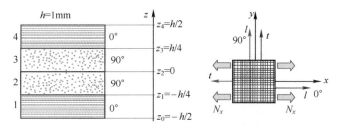

图 8.4 $[0°,90°]_S$ 层合板的拉伸

首先计算层合板的薄膜行为刚度：

$$A = \begin{bmatrix} 70731 & 1756 & 0 \\ 1756 & 70731 & 0 \\ 0 & 0 & 4200 \end{bmatrix}_{(x,y)} \text{(N/mm)} \quad (8.3)$$

进而可以确定应变，这里应变在整个层合板厚度上是均匀的：

$$\begin{cases} \varepsilon_x = 5659\mu\varepsilon \\ \varepsilon_y = -140\mu\varepsilon \\ \gamma_{xy} = 0\mu\varepsilon \end{cases} \quad (8.4)$$

强调一下，应变是无单位的，而微应变 $\mu\varepsilon$ 只是一个 10^{-6} 的因数。因此，对于其轴上的每个层表示如下：

(1) 对于 0° 的 1 层和 4 层，有

$$\begin{cases} \varepsilon_l = 5659\mu\varepsilon \\ \varepsilon_t = -140\mu\varepsilon \\ \gamma_{lt} = 0\mu\varepsilon \end{cases} \quad (8.5)$$

(2) 对于 90° 的 2 层和 3 层，有

$$\begin{cases} \varepsilon_l = -140\mu\varepsilon \\ \varepsilon_t = 5659\mu\varepsilon \\ \gamma_{lt} = 0\mu\varepsilon \end{cases} \quad (8.6)$$

根据层的方向，坐标 (l,t) 是不同的。
然后可以推导出每个层内的均匀应力：
(1) 对于 0° 的 1 层和 4 层，有

$$\begin{cases} \sigma_l = 760.5\text{MPa} \\ \sigma_t = 8.9\text{MPa} \\ \tau_{lt} = 0\text{MPa} \end{cases} \quad (8.7)$$

(2) 对于 90°的 2 层和 3 层，有

$$\begin{cases} \sigma_l = -8.9\text{MPa} \\ \sigma_t = 39.5\text{MPa} \\ \tau_{lt} = 0\text{MPa} \end{cases} \tag{8.8}$$

这里，在每个层中应用断裂准则。从使用希尔准则开始：

(1) 对于 0°的 1 层和 4 层，有

$$(\text{RF})^2\left(\left(\frac{\sigma_l}{\sigma_l^t}\right)^2 + \left(\frac{\sigma_t}{\sigma_t^t}\right)^2 - \frac{\sigma_l \sigma_t}{(\sigma_l^t)^2} + \left(\frac{\tau_{lt}}{\tau_{lt}^f}\right)^2\right) = 1 \tag{8.9}$$

(2) 对于 90°的 2 层和 3 层，有

$$(\text{RF})^2\left(\left(\frac{\sigma_l}{\sigma_l^c}\right)^2 + \left(\frac{\sigma_t}{\sigma_t^t}\right)^2 - \frac{\sigma_l \sigma_t}{(\sigma_l^c)^2} + \left(\frac{\tau_{lt}}{\tau_{lt}^f}\right)^2\right) = 1 \tag{8.10}$$

其中 RF 需要乘以载荷才能达到层的断裂：

(1) 对于 0°的 1 层和 4 层，RF=1.87。

(2) 对于 90°的 2 层和 3 层，RF=1.27。

看到第 1 个断裂层将是 90°方向的那一层（载荷等于限定载荷的 1.27 倍），如果用希尔准则追踪每一项的单独贡献，注意到层合板在横向拉伸下断裂。尽管如此，只要 0°方向层是安全的，这种在 90°方向层横向开裂下的过早断裂（与实际断裂相比）并不会对结构造成太大的不利影响。在实践中，为了避免惩罚和不对这些次生基体裂纹给予过分重视，在准则中人为地增加了基体的极限应变。为此，只是人为地降低了弹性模量，同时保持相同的横向断裂应力。例如，通过将横向弹性模量除以 2，得：

$$E_t = 3500\text{MPa} \tag{8.11}$$

并根据希尔准则：

(1) 对于 0°的 1 层和 4 层，RF=1.90。

(2) 对于 90°的 2 层和 3 层，RF=2.46。

这一次，看到最小 RF 是 0°方向层的安全因数 RF，即首个层（即 0°处的层）的安全因数 RF 几乎没有变化。可以证明，就第一个断裂层而言，通过降低 E_t 获得的结果更接近于试验结果。总之，该方法考虑由于基体开裂引起的层断裂的影响，采用更接近真实的方式，从而能够提供更好的结果。

为了避免这种基体开裂，还可以使用山田善准则。请记住，可以在此处使用此准则，因为存在与所研究的层垂直的层（如果以 0°为研究层，则存在 90°的层，反之亦然），这里得到：

(1) 对于 0°的 1 层和 4 层，RF=1.97。

第8章 层合板的断裂准则

(2) 对于 90°的 2 层和 3 层,RF = 156。

90°层的安全因数 RF 显然与希尔准则的计算相距甚远,因为这些层的断裂主要是由于山田善准则中并未考虑基体开裂。尽管如此,这种断裂是次要的,并且在实际应用中经常可以被接受。此外,显然最弱的安全因数 RF 将决定结构的分级,因此,在这种情况下,对 0°层的安全因数 RF,这两个准则都接近。可以证明这个结果代表了结构的真实断裂。

最后,为了更合理地考虑实际结构中潜在的基体裂纹,通常采用比原始材料的实际模量更低的模量 E_t。为此,可以对层合板进行拉伸试验,然后根据层合板的平均模量 E_x 追溯确定 E_t(然后在纯单向层拉伸试验中直接确定模量 E_l)。在足够大的载荷下,进行拉伸测试允许使基体最终开裂,来识别真正的层合板(在现实中具有相当的损伤)。这里研究的是 T300/914 的情况,E_t 的 7GPa 值解释了这些轻微损伤。

示例:准各向同性层合板 $[0°,45°,90°,-45°]_S$。

如图 8.5 所示,考虑一层合板,其铺层顺序为 $[0°,45°,90°,-45°]_S$,该层合板由单向层 0.125mm 厚的 T300/914 层组成,受合成力 $N_x = 400\text{N/mm}$ 的作用。这里的层比前面的例子更薄。这将能够实现相同层合板在厚度上的全覆盖,使两个示例更容易比较。

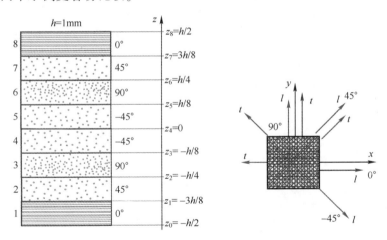

图 8.5 拉伸载荷下的准各向同性层合板 $[0°,45°,90°,-45°]_S$

首先计算层合板的薄膜行为刚度:

$$A = \begin{bmatrix} 55587 & 16900 & 0 \\ 16900 & 55587 & 0 \\ 0 & 0 & 19344 \end{bmatrix}_{(x,y)} \quad (\text{N/mm}) \qquad (8.12)$$

在这种情况下，可以确定层合板厚度中的均匀分布的应变：

$$\begin{cases} \varepsilon_x = 7929\mu\varepsilon \\ \varepsilon_y = -2410\mu\varepsilon \\ \gamma_{xy} = 0\mu\varepsilon \end{cases} \tag{8.13}$$

然后可以推导出每个层对应轴上的应变和应力，在这种情况下，在每个层中的应力和应变都是均匀的：

（1）对于0°的1层和8层，有

$$\begin{cases} \varepsilon_l = 7929\mu\varepsilon \\ \varepsilon_t = -2410\mu\varepsilon \\ \gamma_{lt} = 0\mu\varepsilon \end{cases} \text{和} \begin{cases} \sigma_l = 1062\text{MPa} \\ \sigma_t = -3.0\text{MPa} \\ \tau_{lt} = 0\text{MPa} \end{cases} \tag{8.14}$$

（2）对于45°的2层和7层，有

$$\begin{cases} \varepsilon_l = 2759\mu\varepsilon \\ \varepsilon_t = 2759\mu\varepsilon \\ \gamma_{lt} = -10339\mu\varepsilon \end{cases} \text{和} \begin{cases} \sigma_l = 376\text{MPa} \\ \sigma_t = 24.2\text{MPa} \\ \tau_{lt} = -43.4\text{MPa} \end{cases} \tag{8.15}$$

（3）对于90°的3层和6层，有

$$\begin{cases} \varepsilon_l = -2410\mu\varepsilon \\ \varepsilon_t = 7929\mu\varepsilon \\ \gamma_{lt} = 0\mu\varepsilon \end{cases} \text{和} \begin{cases} \sigma_l = -310\text{MPa} \\ \sigma_t = 51.5\text{MPa} \\ \tau_{lt} = 0\text{MPa} \end{cases} \tag{8.16}$$

（4）对于-45°的第4层和第5层，有

$$\begin{cases} \varepsilon_l = 2759\mu\varepsilon \\ \varepsilon_t = 2759\mu\varepsilon \\ \gamma_{lt} = 10339\mu\varepsilon \end{cases} \text{和} \begin{cases} \sigma_l = 376\text{MPa} \\ \sigma_t = 24.2\text{MPa} \\ \tau_{lt} = 43.4\text{MPa} \end{cases} \tag{8.17}$$

然后将山田善断裂准则应用于每一层：

（1）对于0°的1层和8层，RF=1.41。

（2）对于45°的2层和7层，RF=1.59。

（3）对于90°的3层和6层，RF=4.51。

（4）对于-45°的4层和5层，RF=1.59。

安全因数RF都高于1，意味着层合板将能够承受所讨论的载荷。当然，由于层合板在拉伸/压缩方面是不对称的，因此压缩下的安全因数RF会有所不同。例如，如果$N_x = -400\text{N/mm}$，可以得到：

（1）对于0°的1层和8层，RF=1.31。

（2）对于45°的2层和7层，RF=1.57。

(3) 对于 90°的 3 层和 6 层，RF＝4.84。

(4) 对于-45°的 4 层和 5 层，RF＝1.57。

然后可能想知道能导致层合板最终断裂（在拉伸下）的最大载荷。如果增加 N_x，会在 N_x＝564N/mm 的情况下在 0°的层中获得安全因数 RF 为 1。结果显然等于前面的安全因数 RF（$RF_{0°}$＝1.41）乘以相应的合成力（N_x＝400N/mm）；这实际上就是安全因数 RF 的定义（安全因数要乘以载荷才能达到断裂）。

同样，当合成力 N_x＝400N/mm 的方向变化时，如图 8.6 所示，可以追踪安全因数 RF（图 8.7）。

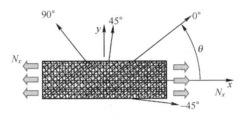

图 8.6 偏轴拉伸下的准各向同性层合板 [0°,45°,90°,-45°]$_S$

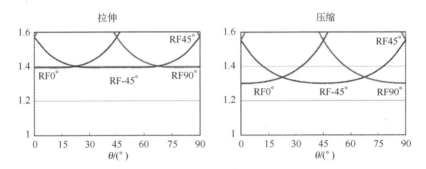

图 8.7 偏轴拉伸和压缩下的准各向同性层合板 [0°,45°,90°,-45°]$_S$ 的 RF

然后观察到最小安全因数 RF（这显然是分级决定因素），在拉伸和压缩下实际上是各向同性的。在实践中，安全因数 RF 根据铺层方向会在 1.3 和 1.4 之间变化。

这种铺层顺序，称为准各向同性，因此在其第一个断裂层的特征上实际是各向同性的（正如其名称所示）。

总之，准各向同性铺层顺序在其薄膜行为刚度方面是各向同性的，就其在薄膜行为加载下的断裂阻力而言是准各向同性的，但在其弯曲行为刚度和弯曲断裂特性方面都不是各向同性的（留给读者自己证明）。

示例：层合板 $[0°,90°]_S$。

如图 8.8 所示，考虑具有铺层顺序 $[0°,90°]_S$ 的层合板，该层合板由 0.25mm 厚的 T300/914UD 层组成，承受合成力矩 $M_x = 100$N 作用。

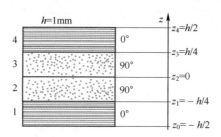

图 8.8 $[0°,90°]_S$ 层合板

首先计算层合板的弯曲刚度：

$$D = \begin{bmatrix} 9876 & 146 & 0 \\ 146 & 1912 & 0 \\ 0 & 0 & 350 \end{bmatrix}_{(x,y)} \quad (\text{N} \cdot \text{mm}) \tag{8.18}$$

然后可以确定中性面的应变和曲率（应变在整个层合板厚度上显然是不均匀的）：

$$\begin{cases} \varepsilon_{0x} = 0\mu\varepsilon \\ \varepsilon_{0y} = 0\mu\varepsilon \\ \gamma_{0xy} = 0\mu\varepsilon \\ k_{0x} = 1.01 \times 10^{-2} \text{mm}^{-1} \\ k_{0y} = -7.76 \times 10^{-4} \text{mm}^{-1} \\ k_{0xy} = 0 \text{mm}^{-1} \end{cases} \tag{8.19}$$

因此，每层的最大应变和应力分别表示为（图 8.9）：

（1）对于 0°处的第 1 层，$z=-h/2$ 处的最大值（绝对值）为

$$\begin{cases} \varepsilon_l = -5069\mu\varepsilon \\ \varepsilon_t = 388\mu\varepsilon \\ \gamma_{lt} = 0\mu\varepsilon \end{cases} \quad \text{和} \quad \begin{cases} \sigma_l = -681\text{MPa} \\ \sigma_t = -6.1\text{MPa} \\ \tau_{lt} = 0\text{MPa} \end{cases} \tag{8.20}$$

（2）对于 90°的第 2 层，$z=-h/4$ 处的最大值（绝对值）为

$$\begin{cases} \varepsilon_l = 194\mu\varepsilon \\ \varepsilon_t = -2534\mu\varepsilon \\ \gamma_{lt} = 0\mu\varepsilon \end{cases} \quad \text{和} \quad \begin{cases} \sigma_l = 21.6\text{MPa} \\ \sigma_t = -17.5\text{MPa} \\ \tau_{lt} = 0\text{MPa} \end{cases} \tag{8.21}$$

第 8 章 层合板的断裂准则

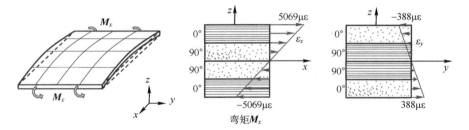

图 8.9 层合板 $[0°,90°]_s$ 在弯矩 M_x 作用下的应变

(3) 对于 90° 的第 3 层，$z=h/4$ 处的最大值（绝对值）为

$$\begin{cases} \varepsilon_l = -194\mu\varepsilon \\ \varepsilon_t = 2534\mu\varepsilon \\ \gamma_{lt} = 0\mu\varepsilon \end{cases} \text{和} \begin{cases} \sigma_l = -21.6\text{MPa} \\ \sigma_t = 17.5\text{MPa} \\ \tau_{lt} = 0\text{MPa} \end{cases} \quad (8.22)$$

(4) 对于 0° 的第 4 层，$z=h/2$ 处的最大值（绝对值）为

$$\begin{cases} \varepsilon_l = 5069\mu\varepsilon \\ \varepsilon_t = -388\mu\varepsilon \\ \gamma_{lt} = 0\mu\varepsilon \end{cases} \text{和} \begin{cases} \sigma_l = 681\text{MPa} \\ \sigma_t = 6.1\text{MPa} \\ \tau_{lt} = 0\text{MPa} \end{cases} \quad (8.23)$$

然后将山田善断裂准则应用于每一层：

(1) 对于 0° 的第 1 层，RF=2.06。
(2) 对于 90° 的 2 层，RF=69.4。
(3) 对于 90° 的第 3 层，RF=64.8。
(4) 对于 0° 的第 4 层，RF=2.20。

可以看到，显然载荷最大的层是 0° 的层，因为它们提供了弯曲刚度并承担大部分载荷。还注意到，第 1 层比第 4 层载荷更大，因为应力主要来自沿 l 方向的压缩，并且压缩下的应力极限低于拉伸下的应力极限。

因此，本节中介绍的能够相对轻松地评估在给定载荷下层合板的安全因数 RF。显然，当手工完成，并且通常使用数值工具进行计算时，计算过程很快就会变得非常繁琐。例如，使用有限元方法的计算代码将提供结构内每一层的安全因数 RF，允许重新设计所述结构，以优化最接近和大于 1 的安全因数 RF，同时使结构的质量最小化。显然，对结构的每次修改都需要重新计算，这在计算成本和分析时间方面可能是昂贵的。一些铺层顺序的分析优化方法，如将在 8.5 节中看到的方法，可以帮助引导找到初始恰当的解，帮助我们节省时间，然后可以使用有限元工具对其进行优化计算。

8.5 给定载荷下的结构优化

在很多情况下，设计的第一阶段将影响结构的形状及其所要承受的载荷。然后问题就变成了确定材料和铺层顺序，以便在具有最小质量的情况下承担载荷。材料的选择通常与成本及其特定特性有着错综复杂的关系，在这里不做深入探讨。最后要做的是确定结构中各层的铺层顺序，因为这种铺层顺序从一个区域到另一个区域必须逐渐变化，以避免由于刚度的突然变化和复杂的制造而导致应力过大。在给定的区域内，铺层顺序因此将是恒定的，然后问题是确定最大应力点的铺层顺序，同时使其质量最小化。

对于具有镜像对称性的薄膜优化，概况如图 8.10 所示。

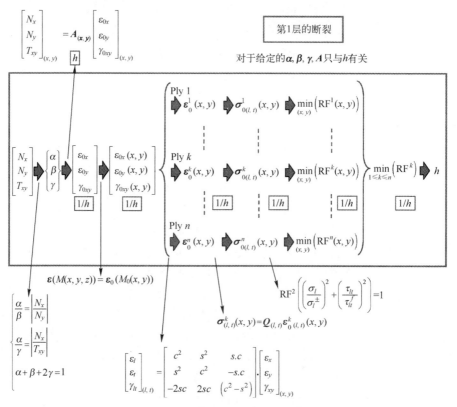

图 8.10 薄膜载荷作用下层合板的优化设计

由合成力，可以根据该方向上的应力比确定每个方向上层的纤维占比。若命名：

(1) α 为 0°时的纤维比;
(2) β 为 90°时的纤维比;
(3) γ 为 45°时的纤维比;
(4) γ 为 –45°处的纤维比。

当然,假设 45°处的纤维比等于–45°处的纤维比。±45°处的纤维用于承担切应力,然后将其分解为+45°处的拉伸应力和–45°处的压缩应力。这两个方向的纤维占比原则上必须相同,如图 8.11 所示,这里注意到,复合材料往往压缩比拉伸更具抵抗力。如果剪切载荷始终为正值,则可以在+45°处放置比在–45°处更少的纤维。

图 8.11 剪切与 45°角的拉压等效

显然,得到了占比等于 1 的纤维总和:

$$\alpha+\beta+2\gamma = 1 \tag{8.24}$$

然后

$$\begin{cases} \dfrac{\alpha}{\beta} = \left|\dfrac{N_x}{N_y}\right| \\ \dfrac{\alpha}{\gamma} = \left|\dfrac{N_x}{T_{xy}}\right| \end{cases} \tag{8.25}$$

式中:N_x、N_y、T_{xy} 为需要承担的合成力。然后确定每个方向的纤维占比。

最后,实际上,在结构的整个生命周期中,载荷往往会根据其复杂性而变化,为了规避某些意外载荷,通常预计在每个方向上放置至少 10%的纤维层,0°、45°、90°和–45°。每个方向上的层数最少也允许它们承担孔或铆钉附近的载荷。在这些承受应力集中的区域,即使平均载荷很简单,孔的存在也会产生复杂的局部应力场以及合成力的所有分量。在每个方向上设置至少 10%的层数,允许不处理这些次要载荷,而只承受最大载荷的耦合。如果漏失了在某一方向上铺层,即使是涉及导致低应力程度的载荷的情况,事实证明,也可能是至关重要的。

接下来,可以确定层合板的刚度矩阵,其在 h 内是线性分布的,然后是应变,它以 $1/h$ 为单位变化。显然,应变是沿 x 和 y 方向变化,因为应力随着结构中的位置而变化。可以确定在每个层和平面 (x,y) 中的每个点的应力和安全因数 RF，它们将以 $1/h$ 的速率变化。然后通过规定所有层和面 (x,y) 中所有点的最小 RF 等于 1 来获得非断裂的第一层，并得到 h 值，从而得到铺层顺序（图 8.10）。

对于弯曲行为载荷下的优化，问题更加复杂，因为必须包括取决于厚度的应变变化。这里，除了经验和前面的程序之外，没有任何其他可用的技术。

如图 8.12 所示，事实证明，诀窍是从铺层顺序开始进行迭代，检查所有安全因数 RF 是否保持高于 1，然后根据结果增加或减少层数。

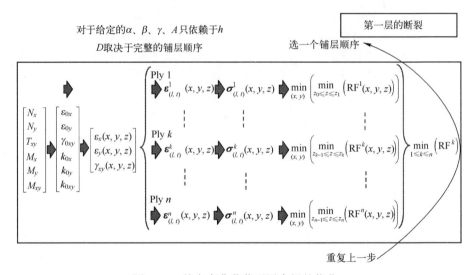

图 8.12　给定弯曲载荷下层合板的优化

示例：确定最佳铺层顺序。

$$\begin{cases} N_x = 1000\text{N/mm} \\ N_y = 200\text{N/mm} \\ T_{xy} = 300\text{N/mm} \end{cases} \quad (8.26)$$

根据式（8.24）和式（8.25），得

$$\begin{cases} \alpha = 55\% \\ \beta = 11\% \\ \gamma = 17\% \end{cases} \quad (8.27)$$

在每个方向上保持最低 10% 的铺层。然后确定层合板的薄膜行为刚度，它在 h 中呈线性：

第 8 章 层合板的断裂准则

$$A = \begin{bmatrix} 88465h & 12054h & 0 \\ 12054h & 32402h & 0 \\ 0 & 0 & 14498h \end{bmatrix}_{(x,y)} \quad ((\text{N/mm}), h \text{ 的单位为 mm}) \quad (8.28)$$

这里，对于沿整个层合板厚度上均匀的应变：

$$\begin{cases} \varepsilon_x = 11022/h\,\mu\varepsilon \\ \varepsilon_y = 2072/h\,\mu\varepsilon \\ \gamma_{xy} = 20693/h\,\mu\varepsilon \end{cases} \quad (h \text{ 的单位为 mm}) \quad (8.29)$$

因此

对于 0°的层：

$$\begin{cases} \varepsilon_l = 11022/h\,\mu\varepsilon \\ \varepsilon_t = 2072/h\,\mu\varepsilon \\ \gamma_{lt} = 20693/h\,\mu\varepsilon \end{cases} \text{ 和 } \begin{cases} \sigma_l = 1485/h\,\text{MPa} \\ \sigma_t = 33.9/h\,\text{MPa} \\ \tau_{lt} = 86.9/h\,\text{MPa} \end{cases} \quad (h \text{ 的单位为 mm}) \quad (8.30)$$

对于 90°的层：

$$\begin{cases} \varepsilon_l = 2072/h\,\mu\varepsilon \\ \varepsilon_t = 11022/h\,\mu\varepsilon \\ \gamma_{lt} = -20693/h\,\mu\varepsilon \end{cases} \text{ 和 } \begin{cases} \sigma_l = 298/h\,\text{MPa} \\ \sigma_t = 81.0/h\,\text{MPa} \\ \tau_{lt} = -86.9/h\,\text{MPa} \end{cases} \quad (h \text{ 的单位为 mm}) \quad (8.31)$$

对于 45°的层：

$$\begin{cases} \varepsilon_l = 16893/h\,\mu\varepsilon \\ \varepsilon_t = -3799/h\,\mu\varepsilon \\ \gamma_{lt} = -8949/h\,\mu\varepsilon \end{cases} \text{ 和 } \begin{cases} \sigma_l = 2265/h\,\text{MPa} \\ \sigma_t = 3.0/h\,\text{MPa} \\ \tau_{lt} = -37.6/h\,\text{MPa} \end{cases} \quad (h \text{ 的单位为 mm}) \quad (8.32)$$

对于-45°的层：

$$\begin{cases} \varepsilon_l = -3799/h\,\mu\varepsilon \\ \varepsilon_t = 16893/h\,\mu\varepsilon \\ \gamma_{lt} = 8949/h\,\mu\varepsilon \end{cases} \text{ 和 } \begin{cases} \sigma_l = -481/h\,\text{MPa} \\ \sigma_t = 3.0/h\,\text{MPa} \\ \tau_{lt} = 37.6/h\,\text{MPa} \end{cases} \quad (h \text{ 的单位为 mm}) \quad (8.33)$$

然后将山田善断裂准则应用于每一层：

(1) 对于 0°的层，$1.52/h \leqslant 1$。
(2) 对于 90°的层，$1.18/h \leqslant 1$。
(3) 对于 45°的层，$1.59/h \leqslant 1$。
(4) 对于-45°的层，$0.61/h \leqslant 1$。

对所有 4 个方向取 h 的最大值，即

$$h \geqslant 1.59\,\text{mm} \quad (8.34)$$

取 13 个 0.125mm 厚的层：

(1) 7层0°，即 $\alpha = 55\%$。

(2) 2层90°，即 $\beta = 15\%$。

(3) 2层45°，即 $\gamma = 15\%$。

(4) 2层-45°，即 $\gamma = 15\%$。

请注意，要遵守镜像对称性，必须在±45°处有偶数个层，并且在0°和90°处的两个层数之一必须是偶数。显然，只有0°或（相互排斥）90°的层数可能是不均匀的。事实上，正是这种不均匀的层将位于铺层顺序的中心，而层合板的中性面将是该层的中心。

接下来，得到以下安全因子RF：

(1) 对于0°的层，RF=1.01。

(2) 对于90°的层，RF=1.29。

(3) 对于45°的层，RF=0.97。

(4) 对于-45°的层，RF=2.46。

这里，对于45°的层，获得了低于1的安全因数RF：这是由于没有考虑每个方向上层的确切纤维占比。层数是整数，不能完全按照计算出的占比。事实上，如果重做之前的测试，会得到最关键层的山田善准则，即45°方向的层：

$$h \geqslant 1.68\text{mm} \tag{8.35}$$

然后只需添加例如0°的层。也可以在45°处添加一层，但这将迫使我们在45°处添加两层和在-45°处添加两层，以遵从镜像对称性并具有平衡的铺层顺序（与+45°和在-45°）：

(1) 8层0°，RF=1.07。

(2) 2层90°，RF=1.32。

(3) 2层45°，RF=1.03。

(4) 2层-45°，RF=2.67。

而这一次的RF都高于1。例如，可以使用这样一个铺层顺序：

$$[45, -45, 0_3, 90, 0]_S$$

这意味着对于密度为1600kg/m³的T300/914，得到的面密度为2.8kg/m²。可以将此质量与标准航空铝合金（2024型）的质量进行比较：

$$\begin{cases} E = 70\text{GPa} \\ \nu = 0.3 \\ \sigma^e = 350\text{MPa} \end{cases} \tag{8.36}$$

这种材料是各向同性的，得

第8章 层合板的断裂准则

$$\begin{cases} \sigma_x = \dfrac{N_x}{h} = \dfrac{1000}{h} \\ \sigma_y = \dfrac{N_y}{h} = \dfrac{200}{h} \\ \tau_x = \dfrac{T_{xy}}{h} = \dfrac{300}{h} \end{cases} \quad (\text{单位为 MPa}, h \text{ 的单位为 mm}) \quad (8.37)$$

然后写出面内应力状态的冯米塞斯准则：

$$\sigma_{VM} \leqslant \sigma^e \quad (8.38)$$

因此

$$\sqrt{\sigma_x^2 + \sigma_y^2 - \sigma_x \sigma_y + 3\tau_{xy}^2} \leqslant \sigma^e \quad (8.39)$$

和

$$h \geqslant 2.75\,\text{mm} \quad (8.40)$$

意思是，对于密度为 2700 kg/m³ 的铝合金，面密度为 7.4 kg/m²。最后，得到的复合材料中轻 2.6 倍的结构。尽管如此，该结果仍然与其他准则（如抗屈曲性、孔和螺栓尺寸、撞击损坏容限等）有细微差别。

第9章 损伤容限

9.1 损伤容限原则

损伤容限是在20世纪70年代为适应民航飞机结构设计而定义的。对损伤容限的要求在欧洲认证的联合适航条款25.571[31]中表述为："结构的损伤容限评估旨在确保飞机在整个使用寿命期间发生严重的疲劳、腐蚀或意外损伤，其保留结构可以承受合理的载荷而不会发生失效或过度的结构变形，直到检测到损伤为止"。美国认证的联邦航空条例25.571[25]中规定："对强度、详细设计和制造的评估必须明确在飞机的整个使用寿命期间要避免由于疲劳、腐蚀、制造缺陷或意外损伤等造成的灾难性失效"。提醒一下，联合适航条款涉及到对不同等级飞机的认证规定，联合适航条款25[31]规定适用于起飞时超过10名乘客或6t以上的飞机。联邦航空条例25[25]是美国与联合适航条款对等的条例。

因此，对损伤容限的研究可以定义为结构因疲劳加载、腐蚀或意外损伤而受损的行为[35]。这个思想是为了确保结构能够承担许可载荷而不会断裂或应变过大超过了某个限定，直到检测到损伤为止。这个概念是以金属结构飞机损伤容限为基础（图9.1（a））。实际上，整体金属结构中损伤的传播速度较慢，并且通常会得到很好的控制。这里，可以定义检查的时限间隔，以确保损伤在被检测到之前不会传播太多，并且不会导致结构在极限载荷下持续间隔过长。还需要证明结构的残余强度总是高于限定载荷。

图9.1对这种情况给出了图示说明，该图显示了残余强度随时间变化的关系。初始，这个残余强度是恒定的（并高于极限载荷），直到出现损伤（例如，从孔边缘开始出现裂纹）。然后，这种损伤开始传播，残余强度随之降低，直到达到（如果未检测到）限定载荷。现在开始讨论临界损伤，实际上，这种损伤应该从某个特定尺度开始检测到，或者更确切地说，航空公司必须在损伤变得严重之前实施检测所需的程序。检查之间的最小时限间隔由可检测到损伤的时间和变得严重的时间之间的时间间隔来定义。重点是减少结构在极限载荷下的持续时间。接下来，一旦检测到这种损伤，必须修复这种损伤并使结

构恢复到高于极限载荷的残余强度。

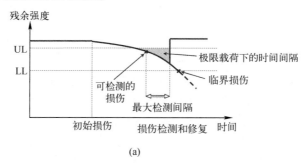

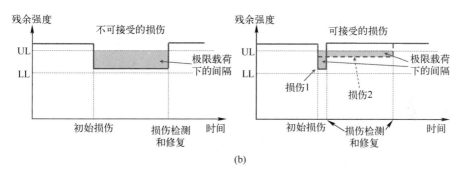

图 9.1 损伤检测和修复的基本原理

（a）金属材料；（b）复合材料。

尽管如此，通常不能将这种损伤容限概念应用于复合材料结构，因为复合材料对疲劳几乎不敏感[35]。这个结果（大部分）适用于基于碳纤维的复合材料，而对于基于玻璃纤维的复合材料，该结果略低（图 9.2）[5,12]。然而，与此同时，大多数飞机的主要结构（支承飞机主要载荷的结构）由碳纤维制成，事实上，观察到飞机结构对疲劳不敏感。

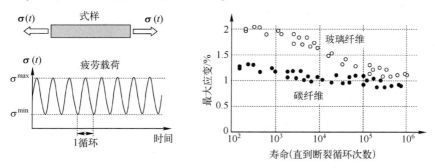

图 9.2 碳纤维和玻璃纤维单向层复合材料的疲劳曲线

复合材料中存在的这种对疲劳的不敏感性通常可以防止在使用中疲劳损伤的蔓延。这就不可能像对金属结构所做的那样，对复合材料应用裂纹缓慢扩展的概念（图9.1）来定义维护间隔。此外，由于复合材料对撞击很敏感，撞击损伤会迅速将结构的残余强度降低到极限载荷以下。因此，标准（AC20-107B[25]）要求复合材料在这种情况下至少与金属材料一样是安全的。因此，目的是证明复合材料结构在极限载荷下持续的时间仍然低于金属结构。除了考虑在极限载荷下持续的时间外，另一件需要考虑的事情是残余强度和极限载荷之间的差异。总而言之，任何导致残余强度刚好低于极限载荷（图9.1（b）中的损伤2）的损坏将需要更长的时间才能检测到，导致残余强度略高于限定载荷（损伤1，图9.1（b））。

复合材料结构的撞击损伤容限取决于两个主要现象：

（1）撞击造成的强度损失。这个损失可能达到在没有撞击情况下强度的50%~75%[3,14]。显然，撞击能量越高，损伤越大，残余强度越低（图9.3）。

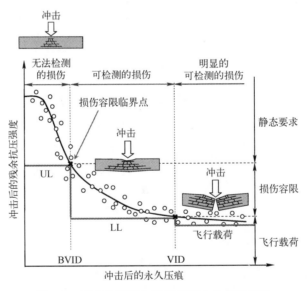

图9.3 撞击后的残余强度和撞击的可检测性

（2）撞击的可探测性。撞击的能量越高，损伤越大，越容易被发现。此外，对于具有标准厚度（几毫米）的层合板复合材料飞机，损伤通常在未受撞击的一侧可见，然后在受撞击的一侧可见。由于通常无法进入未受撞击的一侧查看（机身内部、机翼、翼盒等），因此只能在从受撞击的一侧看到撞击时才考虑撞击（图9.3）。

这条残余抗压强度曲线（图9.3）取决于撞击后的永久压痕（撞击后在复

合材料上留下的凹痕），在撞击损伤容限的情况下尤为重要。首先，要注意压缩是最先考虑的，以证明复合材料结构达到撞击损伤容限，因为这是受撞击损伤影响最明显的特性[3,8,11,14]。事实上，压缩断裂通常是由于屈曲而产生的（对于只有几毫米厚的标准层合板）。在撞击过程中，层合板的整个厚度会产生大量分层，开始将层合板"分离"成更薄的子层合板。这些子层合板明显呈现出远低于整体层合板的弯曲刚度（弯曲刚度随厚度的立方而变化），这会导致在压缩下局部发生过早的屈曲，而拉伸不会对这些分层产生影响。

这条取决于撞击后永久压痕的残余抗压强度曲线（图9.3）有助于定义结构在考虑损伤容限时，能够承受的载荷，特别是在复合材料结构下面的三个分级区域。

（1）**无法检测的损伤区域**。该结构必须能够承受极限载荷。该区域也定义为静态要求区域，因此结构的分级由静载荷工况控制。

（2）**可检测损伤区域**。该结构必须"仅"承受限定载荷（LL）。显然，检查程序必须尽快检测到这些损伤。一旦检测到这些损伤，必须修复这些损伤，以便该结构能够再次满足低于极限载荷（UL）的要求。

现将几乎不可见的撞击损伤（BVID）定义为使用详细的目视检查可检测到的最小损伤。例如，已经证明在详细的目视检查中可以检测到0.5mm深的永久性压痕，概率超过90%[40]（图9.4）。因此，将BVID检测值为0.5mm保留下来。

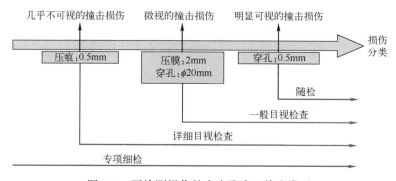

图9.4 可检测损伤的大小取决于检查类型

该区域也被定义为损伤容限区域，因为结构的分级由其损伤容限控制。总而言之，损伤是存在的，但只需要忍受它并保证损伤在被发现之前不会变得更加严重。

最后，通常是指这样的区域，对于确定复合材料飞机结构的分级以达到损伤容限是最关键的（图9.3），尤其是BVID。这个区域实际上是指：

出现撞击损伤并导致永久性压痕等于 BVID 的结构必须能够承受极限载荷，这要贯穿飞机的整个使用寿命期。

例如，想象一下，在结构制造过程中发生的撞击（工具掉落）导致在结构的正下方出现永久压痕 BVID。不能保证这种损坏会被检测到，需要向当局证明该结构能够承受极限载荷，这要贯穿飞机的整个使用寿命。事实上，这就是结构的损伤容限认证方式。首先通过对整个结构进行撞击（特别是在关键点）产生低于 BVID 的永久性压痕，然后证明无论这些损伤如何，结构都能承受极限载荷。

(3) **明显可检测的损伤区域**。该结构必须尽可能承受飞行和服役所需的载荷（这显然与损伤的分级要协调一致）。一旦检测到损伤，必须修复这些损伤（或调整损坏的区域）以便再次能够承受极限载荷……

现将可视撞击损伤（VID）定义为在标准检查条件下可立即检测到的最小损伤。例如，已经证明在一般目视检查（比详细目视检查时间更短且压痕深度更浅）期间可以检测到 2mm 深的永久性压痕（或直径为 20mm 的穿孔）的概率超过 90%[35,40]（图 9.4），因此，这个 2mm 压痕值通常用于定义 VID。

该区域也被定义为飞行载荷区域，因为这些飞行载荷决定了结构的分级。总之，撞击足够强，很容易被发现。尽管如此，飞行也必须在结构尽可能好的条件下完成。实际上，该区域被划分为具有严重损伤、非常严重损伤和临界损伤的各个更小区域[40-14]（例如，图 9.4 中定义的小 VID 区域和大 VID 区域）。

9.2　撞击时的损伤和撞击后的压缩

在关注用于撞击损伤容限范围内确定复合材料分级准则之前，应该首先讨论撞击损伤是什么样的，以及这种损伤如何扩展并导致撞击后压缩（CAI）期间的最终断裂。以层合板 $[0,90]_s$ 为例。在撞击过程中，观察到出现两种基体开裂（图 9.5 和图 9.6）：

(1) 由于强的横向应力 σ_t，层合板下部出现与基体垂直的裂纹。

(2) 由于强的面外切应力 τ_{tz}，基体在撞击器下方的层合板中心以 45° 开裂。这里重申，当对板施加弯曲时，面外切应力 τ_{xz} 和 τ_{yz} 在板上下为 0，并在中心达到最大值。

随着这些基体裂纹密度的增加，层间会产生分层，分层或多或少地会通过撞击区域（图 9.6）。然后看到层间断裂，断裂从下层（和上层）由于纵向拉伸（和压缩）σ_l 开始，然后由于纵向拉伸应力 σ_l 和面外切应力 τ_{lz} 共同作用导致位于厚度中间层片的断裂。

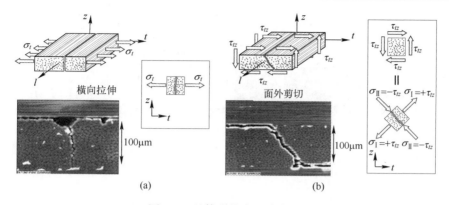

图 9.5 基体裂纹有两种类型

（a）横向拉伸引起的横向裂纹（σ_t）；（b）面外切应力（τ_{tz}）引起的 45°处的裂纹。

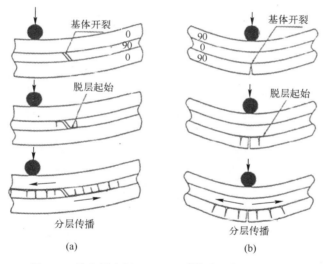

图 9.6 单向层合板 $[0°,90°]_S$ [16] 受撞击时的损伤情况

（a）下层开裂饱和度→分层；（b）弯曲开裂→脱层的铺设非冲击的一面。

现在以实际的层合板 $[0_2°,45_2°,90_2°,-45_2°]_S$ 为例（图 9.7）。在这个显微切片中，观察到该层合板与层合板 $[0°,90°]_S$ 所讨论的损伤状况不同：基体裂纹、分层和纤维断裂。在该图中，在两组不同方向的层之间（而不是直接在同一方向上的两个层之间）连接之前，分层一直存在。这是由于这些区域的层间切应力 τ_{xz} 和 τ_{yz} 较高。由于该区域的面外切应力 τ_{tz} 很高，因此在撞击器正下方的区域，基体裂纹非常明显，主要在 45°方向（图 9.7）。在位于撞击器位置，而非撞击面的层板中，由于该区域的强的横向拉伸应力 σ_t，因而出现了与基体垂直的较宽裂纹。

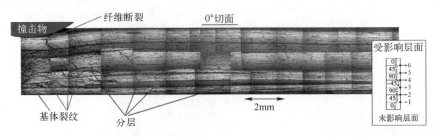

图 9.7 碳/环氧树脂单向层合板 $[0_2°,45_2°,90_2°,-45_2°]_S$ 受 25J 撞击后的损伤

显微切片显示，在两层 0° 和两层 45° 之间的非撞击面的第一个界面（图 9.7 中标注为 1）出现严重分层。这种分层仍然是敞开的，尽管撞击力为 0（切片显然是在撞击后取的）。还观察到基体裂纹和分层之间有很多连接，表明这两种类型的损伤之间存在高度相互作用。从该图中还注意到，由于撞击区域出现的各种损伤，在撞击器下方出现永久凹痕（此处约为 0.5mm）。

由于在该方向上有很强的层间应力，分层在撞击过程中沿下层方向传播（例如，沿着图 9.7 中界面 1 分层的 0° 方向）。还观察到，当从受影响的面转到未受影响的面时，分层区域更大（图 9.7 和图 9.8）。

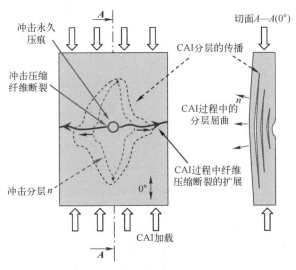

图 9.8 撞击后压缩损伤和断裂的典型情况

如果压应力过大，这些不同的撞击损伤可能会在撞击后压缩期间传播。在撞击后压缩测试中，观察到主要有两种导致断裂的损伤现象：

（1）第一个损伤现象是在撞击过程中分层的子层受压板的屈曲（图 9.8）。

这些子层受压板很可能在压缩下弯曲，然后导致分层扩展，这会放大弯曲的影响。这种撞击分层的传播通常发生在垂直于载荷的方向上。这种现象通常是灾难性的，并很快导致结构的最终断裂。如果板发生变形，则这种屈曲在撞击后压缩过程中出现得更早，这意味着永久压痕会更深。

（2）第二种现象是沿加载方向取向的层受压纤维断裂的传播。通过压缩加载的层合板就是为此而设计的，显然在0°方向处比在其他方向上呈现出更多的层数。压缩裂纹很可能出现在撞击损伤区域的边缘，并在撞击后压缩过程中传播，这种压缩裂纹是由于纤维的局部屈曲，这也就是4.1.2节中提出的扭结带现象（图9.8）。此外，这种裂纹通常是在撞击过程中引发的（因为撞击器正下方的强的压应力和切应力）。这种现象一般从外面看不出来，因为表面层一般是在±45°方向（以增加抗屈曲性）。

9.3 撞击损伤容限的分级

复合材料对撞击很敏感，这意味着撞击损伤容限是复合材料飞机结构分级所要考虑的至关重要（和复杂）的情况。这些分级情况的复杂性源于以下事实：必须同时考虑撞击损伤和可检测性。撞击损伤更具体地说，由于撞击而导致结构的残余强度损失；而可检测性，更确切地说，撞击后会留下的永久压痕。

因此，为了证明复合材料飞机结构具有撞击损伤容限的合理性，首先根据永久压痕来确定其残余强度曲线，然后证明满足撞击损伤容限的条件，再证明对于不可检测的损伤，结构能够承受极限载荷，而对于可检测的损坏，结构可以承受限定载荷（图9.3）。

显然，在现实中，问题不是一维的，在最初压缩加载的顶部可能会有额外的应力，特别是切应力。切应力也会对结构撞击后的残余强度产生影响。撞击损伤（尤其是分层）对屈曲非常敏感，并且由于切应力是由+45°的拉伸和−45°的压缩形成的，因此该切应力会引起屈曲，从而导致撞击后的力学特性显著损失。具有讽刺意味的是，关于板材撞击后剪切强度的数据非常少。这是因为剪切试验很难实施和利用。

为了表征复合材料结构在撞击后的残余强度，经常使用以下压缩/切应变断裂准则：

$$\sqrt{\left(\frac{\varepsilon_l^{\text{comp}}}{\varepsilon_l^{\text{res}}}\right)^2 + \left(\frac{\gamma_{lt}}{\gamma_{lt}^{\text{res}}}\right)^2} \leq 1 \qquad (9.1)$$

式中：$\varepsilon_l^{\text{comp}}$ 为压缩应变（抗拉强度受撞击影响不大）；$\varepsilon_l^{\text{res}}$、$\gamma_{lt}^{\text{res}}$ 分别为纵向和

剪切残余应变。最复杂的显然是定义撞击后的残余应变，这取决于撞击能量（因此是永久压痕）、铺层顺序、材料等，因为这需要大量的试验测试，因此这可能是漫长而昂贵的。

一种解决方案包括使用数值模型来确定数据。例如，想象一个模型，它允许以数值方式确定所有类型结构的残余强度和永久压痕（例如，根据厚度、铺层顺序、材料等从图表中构建）。这些数据可以直接用于证明或设计具有所需撞击损伤容限的复合结构。这种方法的缺点在于它依赖于图表的可靠性，仅对某些特定撞击类型和结构（即那些在问题中已经存在于用来创建相关图表的数据）有效，这种方法通常用于航空工业。

还可以设想一个数值模型，可以完全模拟撞击损伤，包括撞击后的永久压痕和残余强度。该模型的缺点在于依赖于模型的可靠性和复杂性。复合材料结构的撞击损伤和撞击后压缩的完整数值模拟目前是一个真正的挑战，已经成为各种研究的焦点[13,29,38,42]。

如果还想对复合材料结构的损伤容限进行优化，问题就变得更加复杂。在这种情况下，只有载荷是已知的，目标是确定尽可能最轻和/或尽可能最便宜的结构，以满足撞击损伤容限条件（包括静态要求）。由于撞击损伤容限准则是残余强度和永久压痕这两个的相互矛盾的本质，问题变得更加复杂。一般说来，为了提高其残余强度，通常需要增加复合材料层合板的厚度；而为了提高撞击的可检测性，其厚度还需要减小。因此，可能会遇到这样的情况：增加结构的厚度会自相矛盾地降低其撞击损伤容限的强度，例如，增加结构的厚度可能会使撞击无法被检测到。

第 10 章 层间和面外切应力

10.1 交叉层层合板的拉伸[0°,90°]$_S$

如果对两个独立的层合板 [0°]$_S$ 和 [90°]$_S$ 进行拉伸，如图 10.1 所示，并且使两个层合板的所受到的应变 ε_x 相等，那么将得到沿 y 方向的收缩。

对于 [0°]$_S$ 层合板：

$$\varepsilon_y = -\nu_{lt}\varepsilon_x \tag{10.1}$$

对于 [90°]$_S$ 层合板：

$$\varepsilon_y = -\nu_{tl}\varepsilon_x = -\nu_{lt}\frac{E_t}{E_l}\varepsilon_x \tag{10.2}$$

因此，0° 的层合板将比 90° 的层合板收缩更多。例如前面提到的 T300/914：

$$\begin{cases} \nu_{lt} = 0.25 \\ \nu_{tl} = 0.019 \end{cases} \tag{10.3}$$

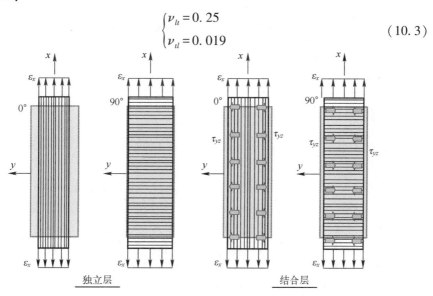

图 10.1　层合板 [0°,90°]$_S$ 拉伸过程中的层间应力

如果现在对层合板[0°,90°]$_S$进行拉伸试验，界面在面内载荷作用下，对所有层产生相同的应变，切应力 τ_{yz} 将出现在交界面平面上，如图 10.2 所示。由于两个侧面是自由的，这两个侧面（对应法矢量 y 的面）上必然有 τ_{yz} 为 0，还可以证明，这个切应力在中心几乎为 0，而在两端附近最大（而在边缘实际为 0）。

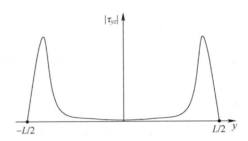

图 10.2 层合板 [0°,90°]$_S$ 拉伸过程中层间应力曲线

因此，将看到复合材料结构上出现层间应力，尤其是在自由边缘附近，因此层合板出现分层的可能。

10.2 交叉层 [45°,-45°]$_S$ 层合板的拉伸

如果对两个层合板 [45°]$_S$ 和 [-45°]$_S$ 独立施加拉伸，如图 10.3 所示，并使两个层合板施加的应变 ε_x 相等，那么将在两个层上获得相反的切应变。

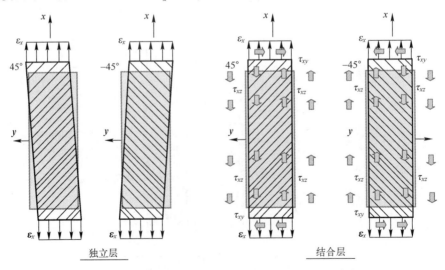

图 10.3 层合板[45°,-45°]$_S$ 拉伸试验时的层间应力

对于层合板 [45°]$_S$:

$$\begin{cases} \varepsilon_x = \left(\dfrac{\beta}{4}(E_l+E_t+2\nu_{lt}E_t)+G_{lt}\right)\sigma_x \\ \varepsilon_y = \left(\dfrac{\beta}{4}(E_l+E_t+2\nu_{lt}E_t)-G_{lt}\right)\sigma_x \\ \gamma_{xy} = \dfrac{\beta}{4}(E_l-E_t)\sigma_x \end{cases} \quad (10.4)$$

对于层合板 [-45°]$_S$:

$$\begin{cases} \varepsilon_x = \left(\dfrac{\beta}{4}(E_l+E_t+2\nu_{lt}E_t)+G_{lt}\right)\sigma_x \\ \varepsilon_y = \left(\dfrac{\beta}{4}(E_l+E_t+2\nu_{lt}E_t)-G_{lt}\right)\sigma_x \\ \gamma_{xy} = -\dfrac{\beta}{4}(E_l-E_t)\sigma_x \end{cases} \quad (10.5)$$

如果现在对层合板[45°,-45°]$_S$进行拉伸试验,在两层的界面上施加相同的线应变,切应变为0。然后在每个层中创建应力场τ_{xy}。此外,由于边缘没有任何外部应力,层的所有四个表面(法矢量 **x** 和 **y** 的面)上的应力必须为0。通过中间的切应力τ_{xz},应力τ_{xy}本身穿过整个界面从一层传递到另一层。例如,在试样的中心(在$x=0$处),见图10.4。

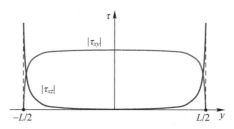

图10.4 层合板[45°,-45°]$_S$拉伸试验过程中的层间应力曲线

这种层间应力现象在复合结构的自由边缘上很强,尤其是在带孔的平板上,除了自由边缘现象之外,由于孔的存在,还存在应力集中现象,会放大这种层间应力现象。

10.3 面外切应力

到目前为止，都是假设层合板足够薄能够支持面内应力。实际情况显然更为复杂，例如，对于厚的层合板，面外切应力，尤其是面外切应力 τ_{xz} 和 τ_{yz}，是不可忽略的。还可以证明这些应力与平面的变化，以及最终面外载荷有关。在不考虑体积力的情况，可以写出平衡方程：

$$\mathrm{div}(\boldsymbol{\sigma}) = 0 \tag{10.6}$$

沿 x 和 y 方向投影，得

$$\begin{cases} \dfrac{\partial \tau_{xz}}{\partial z} = -\dfrac{\partial \sigma_x}{\partial x} - \dfrac{\partial \tau_{xy}}{\partial y} \\ \dfrac{\partial \tau_{yz}}{\partial z} = -\dfrac{\partial \sigma_y}{\partial y} - \dfrac{\partial \tau_{xy}}{\partial x} \end{cases} \tag{10.7}$$

并且，根据位移场上实施的假设，得

$$\boldsymbol{\sigma} = \boldsymbol{Q}\boldsymbol{\varepsilon}_0 = z\boldsymbol{Q}\boldsymbol{k}_0 \tag{10.8}$$

然后可以得到切应力 τ_{xz} 和 τ_{yz} 的变化，这里可以证明它们对于每一层都是抛物线的。此外，在板的上下表面必须为 0，并且在界面处是连续的，如图 10.5 所示。

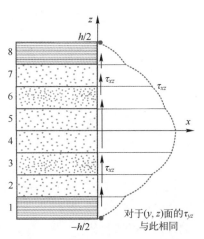

图 10.5　层合板面外切应力曲线

切应力通常在板中心处最大，并可能导致两种断裂机制：

（1）位于板中心的层在面外切应力下的断裂。这些断裂是有特征的，因为它们整体是沿 45° 取向。

（2）界面断裂。事实上，这些切应力需要穿过界面才能从一层传递到另一层，因此会在那里出现过载。

在实践中，这两种现象错综复杂地联系在一起，特别是在面外切应力下基体末端裂纹存在的应力集中往往会引发分层，如图 10.6 所示。

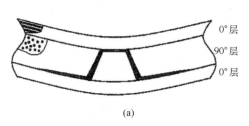 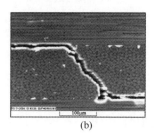

(a)   (b)

图 10.6　基体裂纹（由于面外切应力）与分层相互作用的图（a)[18]和显微图（b)[32]

第 11 章 有孔板和带螺栓板

11.1 有孔复合材料板的计算

到目前为止，已经看到了，在给定载荷下，如何使得确定复合材料层合板的断裂以及安全因子（RF）成为可能。实际上，在应用这些准则之前，需要确定应力场，该应力场显然依赖于结构中的位置而变化。为了确定这个应力场，即这里的合成力和合成力矩，通常使用有限元方法。然而，有限元方法也存在一些缺点。

缺点之一是计算需要耗费时间。最明显的例子是确定飞机结构中螺栓或铆钉孔的分类。请记住，一架标准客机的铆钉数量超过一百万个，显然不可能对每个孔都进行网格划分以确定孔边缘的应力场。因此，在已知远场应力场时，需要用解析法来确定孔边缘处的应力场，或者使用测试法或参考孔周围的有限元模型来确定孔比（定义为有孔的应力极限与无孔的应力极限之间的关系）。

另一个缺点是有限元模型在应力集中区域的表示。可以证明，在这些方面，复合材料的本构关系比本书提出的简单的弹性本构关系和板模型本构关系要复杂得多，因此需要使用复杂的三维模型来解释复合材料的损伤，达到更好的真实性。注意到，仅使用弹性本构关系和板模型来模拟复合材料在应力集中区域的行为会导致远远大于实际情况（由于损伤而变得平滑），从而导致结构尺寸过大。这种现象可以与金属结构中遇到的塑性现象进行比较。金属结构中的塑性降低了单一区域（孔、裂纹、缺口等）的应力过大，因此，需要将这些损伤或塑性效应视为有益的（一般而言），这有助于关键区域的应力变得平滑。

现以带孔的层压复合材料板受拉伸载荷为例，如图 11.1 所示。

由于孔的存在，显然，可以观察到孔边缘处的应力集中。层合板沿厚度的应力 σ_{x0} 合理地倾向于均匀的平均应力，但平均应力不适用于这些材料断裂准则。某些特定层比其他层可能承受更大的应力，并且禁止将平均应力直接应用于断裂准则，而无须首先确定每层中的应力。此外，通常省略角标 0 以简化符号（在当前工作中将是这种情况），但不应该完全忘记。

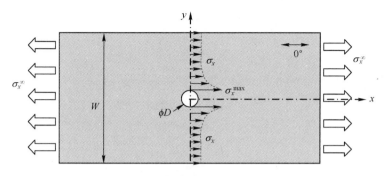

图 11.1 拉伸作用下的开孔板

现在可以分析确定无限大板孔边缘的应力场：

$$\sigma(x=0,y) = \frac{\sigma_x^\infty}{2}\left[2+\left(\frac{R}{y}\right)^2+3\left(\frac{R}{y}\right)^3-(K_T^\infty-3)\left(5\left(\frac{R}{y}\right)^5-7\left(\frac{R}{y}\right)^7\right)\right] \tag{11.1}$$

式中：R 为孔的半径；σ_x^∞ 为远离孔的应力；y 为所考虑点的坐标（在孔边缘的 R 和 $+\infty$ 之间变化）；K_T^∞ 为孔边处的应力集中比，表示为

$$K_T^\infty = \frac{\sigma_x^{max}}{\sigma_x^\infty} = 1+\sqrt{2\left(\sqrt{\frac{E_x}{E_y}}-\nu_{xy}\right)+\frac{E_x}{G_{xy}}} \tag{11.2}$$

如图 11.2 所示，该应力集中比表示孔边缘处的过大应力与远离孔的应力的关系。系数 E_x、E_y、ν_{xy} 和 G_{xy} 依然表示层合板的等效模量。需要注意的是，只有当层合板的正交各向异性轴与应力坐标系（x,y）重合时，此计算才有效。

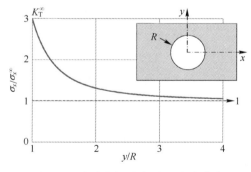

图 11.2 各向同性材料孔边应力集中

在各向同性材料的情况下，该应力集中比等于 3，换句话说，孔边缘处的应力是没有孔时应力的 3 倍。对于各向同性材料（$E_x=E_y=E$ 和 $G=E/2/(1+\nu)$），

得到：

$$K_T^\infty = \frac{\sigma_x^{\max}}{\sigma_x^\infty} = 3 \tag{11.3}$$

尽管如此，还注意到，在正交各向异性材料的情况下，如果 0°层的比例高，则应力集中更高。以之前提到的 T300/914 为例：

$$\begin{cases} E_l = 134\text{GPa} \\ E_t = 7\text{GPa} \\ \nu_{lt} = 0.25 \\ G_{lt} = 4.2\text{GPa} \end{cases} \tag{11.4}$$

如图 11.3 所示，若使用 100%的层为 0°的铺层顺序，则 K_T^∞ 达到 7.5，而在 100%的层为 90°时，K_T^∞ 仅为 2.2。

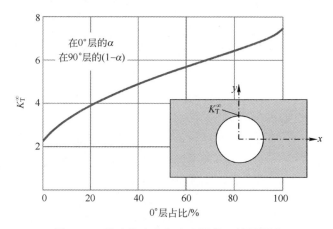

图 11.3　孔边缘应力集中比依赖于铺层顺序

实际上，在 100%纤维处于 0°铺层顺序的情况下，K_T^∞ 这个系数为 7.5，这种情况是非常少见的，因为孔边缘会经历一种被称为分裂的损伤，这会降低这种应力集中。此外，100%纤维处于 0°的层合板实际上没有意义（图 11.4 和图 11.5），这种类型的铺层顺序对基体开裂过于敏感，并且总是在 90°和±45°处至少补充几层，这也会降低应力集中比。

另一个重要的影响是试样宽度 W 的影响。因此，将净应力 σ_x^{net} 定义为通过净截面的平均应力：

$$\sigma_x^{\text{net}} = \sigma_x^\infty \frac{W}{W-D} \tag{11.5}$$

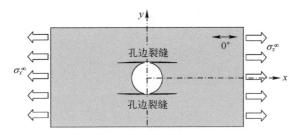

图 11.4　孔边裂缝

图 11.5　断口后的打孔试件[43]

式中：D 为孔的直径；W 为板的宽度，如图 11.6 所示。可以证明，当 $W \gg D$ 时，两个应力是相等的。

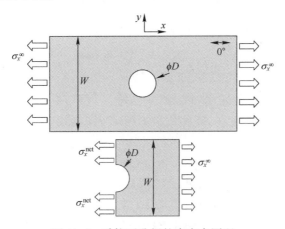

图 11.6　受拉开孔板的净应力原理

尽管如此，可以证明，为了表明试样宽度的作用，最好借助于系数 β（称为形状因子）的中介来计算应力：

$$\sigma_x(x=0,y) = \beta \frac{\sigma_x^\infty}{2}\left[2+\left(\frac{R}{y}\right)^2+3\left(\frac{R}{y}\right)^3-(K_T^\infty-3)\left(5\left(\frac{R}{y}\right)^5-7\left(\frac{R}{y}\right)^7\right)\right]$$

(11.6)

式中

$$\beta = \frac{2+\left(1-\dfrac{D}{W}\right)^3}{3\left(1-\dfrac{D}{W}\right)} \quad (11.7)$$

再次证明当 $W \gg D$ 时，β 趋向于 1。该系数略弱于净应力系数。此外，目的是追踪这些系数的倒数，可以证明截面减少的线性特征（$(W-D)/W$），而不是形状因子（$1/\beta$）的倒数（图 11.7）。

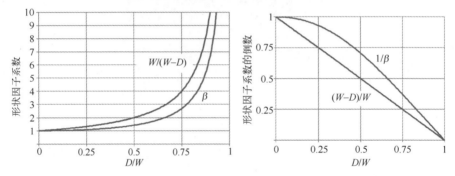

图 11.7　净应力与形状因子系数的比较

在这种情况下，孔边缘处的应力集中比变为 βK_T^∞ 而不是 K_T^∞。

考虑到 K_T^∞ 的集中比为 3（在准各向同性情况下），人们可以认为有孔板是无孔板所承受的应力的 1/3。但是，确定孔边缘应力的计算仅适用于材料为线弹性且板仍为板的情况。然而，在孔边缘，材料受到损伤。而这时，不仅材料的行为不再是线弹性的，而且刚刚提出的板理论也不再有效（特别是孔边缘的损伤会导致小的分层，因此层合板层间将不再完美连接，且薄膜载荷的均匀应变模型也将不再有效）。

考虑到损伤的影响，这里使用"点应力"理论。该理论包括考虑计算的应力仅在距孔的距离 d_0 处有效，如图 11.8 所示。

因此，定义了一个应力集中比 K_T^0，比之前使用的 K_T^∞ 低，更接近实际。剩下的就是确定 d_0 以解释试验观察到现象，这就是该方法的真正问题所在：d_0 如何随试验条件变化？在实践中，这个 d_0 确实会随着应力的类型（拉伸、压缩、剪切等）、铺层顺序、厚度、材料等而变化。

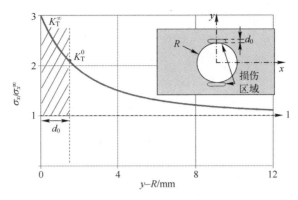

图 11.8 "点应力"理论的原理

通常用于标准飞机外壳的厚度为 1~2mm 数量级（碳/环氧树脂类材料 T300/914，厚度为几毫米）。乍一看，这个 d_0 可以看作是孔边缘损伤区域的大小，用于计算复合材料层合板的板理论在该区域上无效。但实际上，问题更复杂，因为 d_0 只是简单地再次定位以识别试验中的断裂。在实践中，这种计算方法效果很好，在航空工业中得到了广泛应用。尽管如此，d_0 的值仍有待在尽可能多的工况下确定，具体取决于厚度、材料、铺层顺序、孔的直径、使用的钻孔类型等。

看下面的例子，如图 11.9 所示。

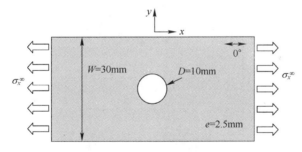

图 11.9 受拉开孔板的几何形状

这里，得到 $\beta=1.15$，并且

$$\frac{\sigma_x^{max}}{\sigma_x^\infty}=\beta K_T^\infty = 3.52 \tag{11.8}$$

在考虑各向同性层合板时，取 $d_0=1.5$mm，得

$$\frac{\sigma_x(y=d_0)}{\sigma_x^\infty}=\beta K_T^0 = 2.26 \tag{11.9}$$

这意味着该层合板的断裂应力是没有孔时的 2.26 倍（而不是相信给出的 K_T^∞ 值的 3.52 倍）。该结果更符合试验结果。

复合材料层合板的另一个重要影响是"孔的尺度效应"。特点是复合材料对小孔的敏感性低于大孔（图 11.10 和图 11.11）。但要比较不同的孔的尺度，必须考虑无限大孔板，或使用恒定的 W/D 比（或者只会观察到小孔比大孔去除的物质少）。

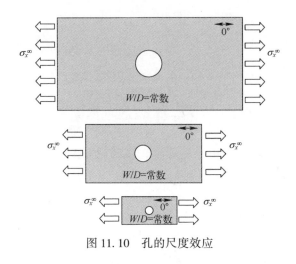

图 11.10 孔的尺度效应

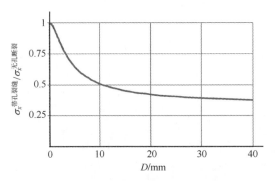

图 11.11 拉伸载荷下的孔的尺度效应

这种现象由点应力理论证明。应力分布仅取决于 y/R，因此，如果根据 y/R 进行追踪，则无论试样的大小如何，应力分布都是相同的，但如果根据其真实尺度（依赖 y）进行追踪，则对小孔来说，应力分布突变得更厉害（图 11.12）。

因此，在距孔边缘恒定距离 d_0 处读取应力，小孔的应力会更低。与金属材料的这种行为非常不同，因为金属材料的尺度对孔的阻力没有（或几乎没

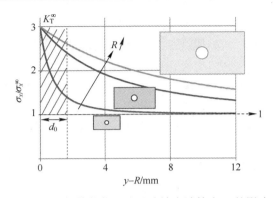

图 11.12 拉伸载荷下孔尺寸效应计算中 d_0 的影响

有）影响（显然，如果与晶粒尺度相比，尺度被认为较大，通常为十分之几毫米，这对于厚度超过 1mm 的结构来说是广泛可以接受的）。

点应力法也可以推广到任何载荷，条件是应用于纤维铺层的每个方向（图 11.13）。

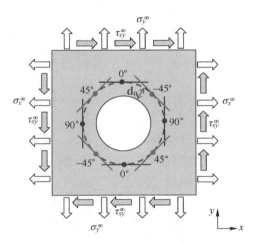

图 11.13 不同铺层方向的点应力法

接下来，需要对位于孔距离 d_0 处的两点处来验证点应力准则：

(1) 在 y 方向上，层板在 $0°$ 方向；
(2) 在 x 方向上，层板在 $90°$ 方向；
(3) 对于 $45°$ 的层，在与 x 成 $-45°$ 的方向上；
(4) 对于 $-45°$ 处的层，在与 x 成 $45°$ 的方向上。

11.2　多螺栓复合材料接头的计算

上述点应力法广泛用于空孔，但用于螺栓或铆钉孔的情况较少。这些孔显然是由螺栓或铆钉填充的（图 11.14 和图 11.15），这里称其为填充孔。紧固和潜在垫圈的存在显然会改变应力作用于复合材料的方式，使用点应力方法可以很微妙地考虑这些。在螺栓复合材料接头的情况下，点应力法通常代替等效应力法，在此进行描述。但两种方法之间的选择通常归结为工程公司的习惯，而不是任何一种方法的任何实际优点/缺点。

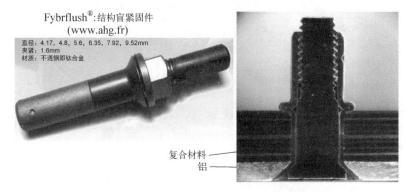

图 11.14　结构盲紧固件 Fybrflush ®

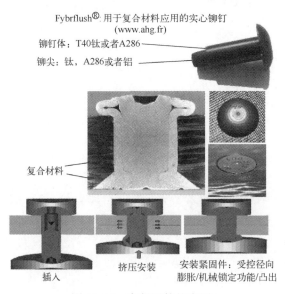

图 11.15　盲紧固件的应用

通常用于确定填充孔板分级的一种常用方法是基于孔比。该孔比定义为有孔的应力极限 $\sigma_x^{\text{hole},f}$ 与无孔的应力极限 $\sigma_x^{\infty,f}$ 之间的关系：

$$\alpha = \frac{\sigma_x^{\text{hole},f}}{\sigma_x^{\infty,f}} \tag{11.10}$$

因此，该孔比远低于 1（与应力集中比不同）。乍一看，可以与上述应力集中比的倒数进行比较，特别是在距孔距离为 d_0 处的应力集中比 K_T^0 的倒数。

因此，可以把等效应力 σ_x^{eq} 定义为导致与无孔板相同数量级的损伤（或相同的安全因素 RF）时的应力（图 11.16）：

$$\sigma_x^{\text{eq}} = \frac{\sigma_x^{\infty}}{\alpha} \tag{11.11}$$

此外，为了考虑试样宽度的影响，使用净应力：

$$\sigma_x^{\text{eq}} = \frac{\sigma_x^{\text{net}}}{\alpha} \tag{11.12}$$

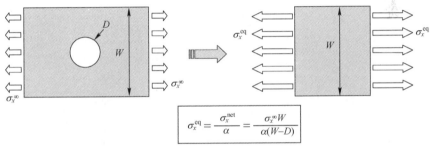

图 11.16　螺栓接头计算的等效应力原理

在实践中，孔比由试验测试确定，然后用于定义等效应力。该孔比在拉伸载荷下约为 $\alpha_t = 0.6$，在压缩载荷下约为 $\alpha_c = 0.85$，在剪切载荷下约为 $\alpha_s = 0.6$。由于螺栓支承部分载荷，因此孔存在时，压缩下受到的干扰较小。

这等于说填充的带孔板在拉伸（或剪切）下会提早 $1/0.6 = 1.67$ 倍断裂，在压缩下会提前 $1/0.85 = 1.18$ 倍。与 d_0 一样，剩下的就是确定这些孔比 α_t、α_c 和 α_s，这取决于厚度、铺层顺序、材料（层合板、螺栓或铆钉的材料）、螺栓或铆钉的类型、拧紧程度等。

这种类型的方法表征结构的净截面断裂。在螺栓加载的情况下，需要确保螺栓复合材料接头在不同的断裂模式下不会断裂。螺栓复合材料接头有以下四种主要断裂模式（图 11.17）：

（1）刚刚提到的净截面断裂。主要涉及支撑沿 x 方向大部分应力的 0°层

（这仅适用于包含最少0°层的标准铺层顺序）。

（2）挤压断裂。这是由于螺栓和复合材料层合板之间的接触处存在较强的压缩应力。主要影响支撑大部分应力的0°和±45°层。

（3）剪切断裂。这是由于在±45°的层中产生的较强的切应力τ_u。当孔与板的侧面之间的距离L较小时可以观察到。

（4）解理断裂。这是由于螺栓上的载荷产生沿y方向的应力。这些载荷产生的应力主要以纵向应力σ_l的形式由层板以90°的形式承担。当孔与板侧面之间的距离L较小时，会观察到这种断裂。

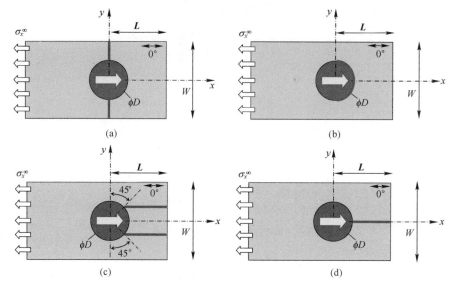

图11.17 螺栓接头的四种主要断裂模式
(a) 净截面断裂（0°）；(b) 挤压断裂（0°，±45°）；(c) 剪切断裂（±45°）；(d) 解理断裂（90°）。

将加载远场拉应力的填充孔拉伸与通过螺栓中介加载的填充孔拉伸进行比较（图11.18）。显然应该有$F=\sigma_x^\infty We$（其中e是板的厚度）来确保平衡方程。

如果使用有限元方法对这个问题进行建模，使用准各向同性铺层顺序（$E_x=E_y=50\text{GPa}$）和远场拉应力$\sigma_x^\infty=100\text{MPa}$，将获得以下平均应力场（这是沿整个层合板厚度的平均应力）（图11.19）。

如果现在在应力场的$x=0$（孔边缘）处进行切割，则得到图11.20。

可以观察到，与通过远场拉伸应力（270MPa）引入载荷的情况相比，应力通过螺栓（550MPa）中介引入时的最大应力要高得多。还观察到，没有螺栓时的应力（300MPa）略高于有螺栓时的应力（270MPa）。最后，还注意到，

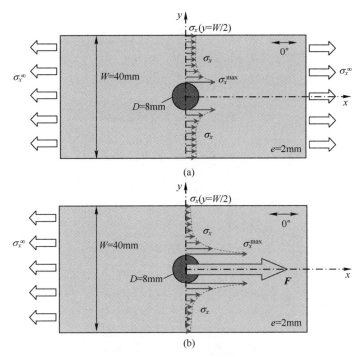

图 11.18 填充孔拉伸
（a）用非加载螺栓；（b）加载螺栓。

在图 11.20 中，应力 σ_x 趋向于 σ_x^∞，在远场拉伸载荷的情况下远离孔，而在螺栓施加拉伸载荷的情况下，得到应力趋向于低得多的值。可以证明，对于所有三种具有净应力 125MPa 的情况，净截面上的平均应力相等。

与远场拉伸载荷的情况相比，为了考虑螺栓引入载荷的情况下的这种过大应力，将等效应力定义为（图 11.21）

$$\sigma_x^{eq} = \frac{\sigma_x^{net} + K_b \sigma_b}{\alpha} \tag{11.13}$$

式中：K_b 为挤压比；σ_b 为挤压应力，定义为

$$\sigma_b = \frac{F}{De} \tag{11.14}$$

该挤压应力是螺栓承受的平均接触应力。重申，如果接触应力在半个圆柱体上是恒定的并且在表面上始终是沿着法线，那么这个公式将是正确的（实际上，可以通过对表面的恒定应力沿法向应力方向进行分解积分来得到挤压应力）。实际上，应力的分布更像正弦曲线（图 11.22），因此这个公式给出了（正如它的名字所示）这个应力的平均值。

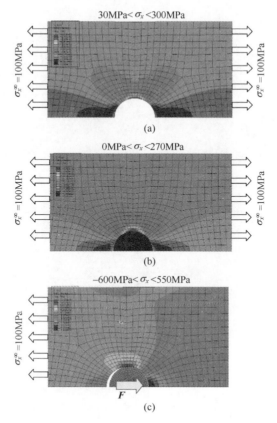

图 11.19　(a) 开孔拉伸；(b) 填充孔非加载螺栓；(c) 填充孔加载螺栓

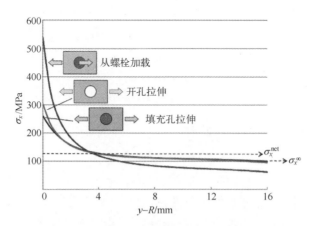

图 11.20　开孔板孔边的应力，用非加载螺栓和加载螺栓填充孔边的应力图

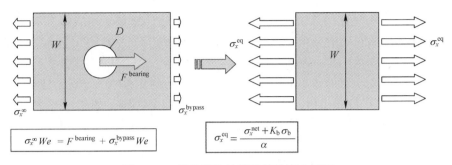

图 11.21 螺栓接头计算的等效应力原理

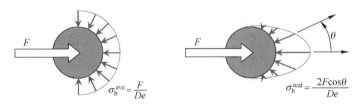

图 11.22 挤压应力

下一步是通过试验确定挤压比 K_b 以定义等效应力。在实践中，该比例约为 0.2，但显然会因材料、厚度、铺层顺序等而异。如果现在返回到前面的示例，这将给出以下等效应力：

（1）在远场拉伸载荷的情况下，$\sigma_x^{eq} = 208\mathrm{MPa}$；

（2）对于加载螺栓，$\sigma_x^{eq} = 375\mathrm{MPa}$。

再一次表明，正如通过有限元方法观察到的那样，在加载螺栓的情况下应力更高。这些应力可以与其中一种点应力方法进行比较，因为它们对应于距离孔大约 0.5mm 处获得应力，这与使用 $d_0 = 0.5\mathrm{mm}$ 的点应力相同。尽管如此，仍应谨慎使用此评论，因为测试决定了结果。不要忘记一个方法在被证明为错误之前一直是有效的。总之，将这些不同的分级准则与试验结果进行比较将能够评估参数（α_t、α_s、α_c、K_b 和应力极限）并评估它们的相关性。

这种等效应力方法有助于根据净截面来确定螺栓复合材料接头的尺度，现在仍有待验证是否满足其他断裂模式。通过将平均挤压应力与可接受的应力进行比较，可以简单地验证挤压断裂模型：

$$\sigma_b = \frac{F}{De} \leq \sigma_b^l \tag{11.15}$$

式中：σ_b^l 为通过试验获得的挤压极限应力。这个计算可能会令人惊讶，因为知道挤压应力的分布更像是正弦曲线而不是常数。然而，与此同时，挤压极限应力是在相同的假设和类似的测试中通过试验获得的，这意味着方法是一致的。此处的目的是证明该挤压极限应力不会因厚度、铺层顺序或者螺栓或铆钉的类型而有太大的变化。实际上，该应力的数量级接近 600MPa（或准确地说是-600MPa，因为它是一种压应力）。

注意到它对应于纤维的压缩应力极限和树脂的压缩应力极限之间的中间值。例如，对于 T300/914，使用准各向同性的铺层顺序，如果考虑只有垂直于载荷的纤维方向，在纤维断裂下发生断裂，而其他方向纤维在树脂压缩断裂时会断裂，那么得

$$\sigma_b^l = 25\%\sigma_l^c + 75\%\sigma_t^c \approx -550\text{MPa} \tag{11.16}$$

换句话说，无论挤压的方向如何，对于准各向同性铺层顺序，25%的纤维将沿纤维方向起作用，75%沿树脂方向起作用。这个推理是连贯的，并提供了挤压极限应力的第一个评估值。还注意到，根据这个推理，如果铺层顺序是非各向同性的，挤压极限应力将根据铺层顺序和载荷方向而变化。

最后，挤压极限应力取决于螺栓的拧紧程度：螺栓越紧（直到某一点），挤压极限应力就越高。-600MPa 的值对应于标准的飞机螺栓拧紧，并且在没有拧紧的情况下可以变为原来的 1/3（换句话说，挤压极限应力变得更接近基体的压缩极限应力）。

已经证明了螺栓复合材料接头抵抗挤压，现在仍然有必要证明它能够承受最后两种载荷情况，即剪切断裂和解理断裂。在实践中，净截面和挤压尺度涵盖了这两种情况。但只有当边缘距离不太小并且在+45°处有最小层数时，这个结果才成立。总之，如果对于遵守航空条例准则，则结果是正确的。实际上，边缘距离必须至少等于每个方向上孔直径的大约 3 倍或 4 倍。

如果现在根据直径与宽度的比来跟踪多螺栓复合材料接头的极限应力（由材料的极限应力确定大小），则得到以下曲线（图 11.23）。

这些曲线有助于根据 D/W 比来定义多螺栓复合材料接头的效率。对于高 D/W 值，净截面应力准则（即等效应力）是限制螺栓接头阻力的准则，而对于较低的 D/W 值，则是挤压限制螺栓接头的阻力。为了增加螺栓接头的阻力，解决方法是增加螺栓的数量（在载荷方向上），以限制每个螺栓传递的应力，并调整 D/W 比。即使有四个螺栓，应力也不会均匀分布。第一个螺栓（在本例中，图 11.24 中的螺栓 1 和 4）比其他螺栓传递更多的载荷。在实践中，这个比例取决于板的刚度、螺栓（或铆钉）、拧紧等。第一个螺栓的值约为 30%，其他螺栓的值为 20%，这是一个很好的数量级（图 11.24）。

考虑到前面的数字，理解为什么当前使用 0.2~0.25 数量级的 D/W 比，是使多螺栓复合材料接头的阻力最大化的值。为了避免发生过于突然的断裂，倾向于采用比净截面断裂更渐进的断裂方式。最后，再次看到增加螺栓数量对

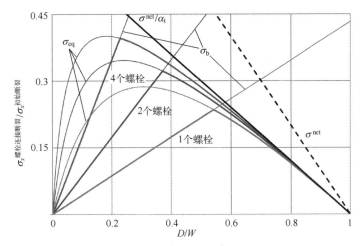

图 11.23　根据螺栓数量确定多螺栓接头的尺寸

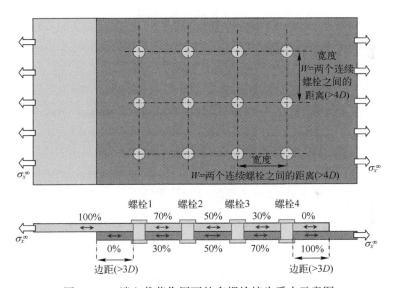

图 11.24　端上载荷作用下的多螺栓接头受力示意图

螺栓接头的整体阻力没有太大影响。

粗接头的 D/W 比可以看作是两个连续螺栓之间的距离（与载荷垂直的方向）。在实践中，通常使用 4 或 5 的比值，这意味着两个连续螺栓之间的节距大约是直径的 4 倍或 5 倍（$D/W \approx 0.2 \sim 0.25$）。两个连续螺栓之间的节距的这个数量级对于载荷方向上使用的节距也是一个很好的数量级（图 11.24）。

第 12 章 屈 曲

12.1 关于梁屈曲的回顾

如图 12.1 所示,对梁进行压缩时,测试开始时观察到压缩加载。通过增加压缩力 F,最终可以得到梁的屈曲,这取决于梁的长细比。屈曲是一种弹性不稳定性,可以证明,当压缩载荷等于临界屈曲载荷时,问题显现出一种特征模态:

$$F = F_{cr} \tag{12.1}$$

在这种情况下,问题的解是不确定的(位移场的解取决于待定的乘子系数),尤其挠度值 δ 的任何值都是问题的解。

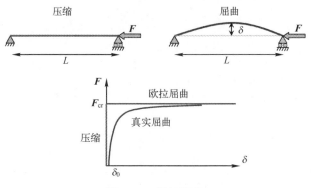

图 12.1 梁的屈曲

F_{cr} 称为欧拉临界载荷,具有以下表达形式:

$$F_{cr} = \frac{\pi^2 EI}{(\alpha L)^2} \tag{12.2}$$

式中:E 为梁的弹性模量;I 为其最小弯曲惯性矩;L 为长度;α 为取决于边界条件的系数,对于图 12.1 所示的简支梁,系数等于 1。

因此,问题的解 (δ, F) 对应于图 2.1 中的水平线。实际问题比较复杂,因为初始梁从来都不是完全线性的,初始会呈现出轻微的初始挠度 δ_0,而实际曲线趋向于欧拉临界载荷,实际上从未达到临界状态,因为结构可能在先发生弯曲下断裂(图12.1)。

12.2 承压板的屈曲

与梁一样,压缩应力也会导致板发生屈曲,如图12.2所示。

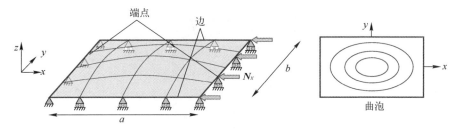

图 12.2 两端简支的受压板

可以证明,临界屈曲载荷可表示为

$$N_x^{cr} = \frac{K\sqrt{D_{11}D_{22}}}{b^2} + \frac{C\pi^2(D_{12}+2D_{66})}{b^2} \qquad (12.3)$$

式中:C、K 为取决于边界条件的系数,可以根据板的特性,使用图表来确定,如图12.3所示。

在航空领域,经常使用两端简支的情况(对应于图12.2中的两端简支)。这是因为所研究的板通常对应于表面层(蒙皮),即由四个加强筋限制的板。然而,加强筋的扭转刚度相对较低,板边的旋转并不受阻碍,边界条件不能认为是固定夹紧的。尽管如此,还可以证明真实的边界条件通常介于简支和固定夹紧之间,同时抗屈曲性取决于边界条件(通常并不为人所知),因此更愿意保持谨慎并考虑该边界情况为简支端约束。

请注意,式(12.3)仅对在(x,y)中具有正交各向异性行为的板有效,因此如果层合板遵守镜像对称性($\boldsymbol{B}=0$),则有

$$\begin{cases} D_{16}=D_{26}=0 \\ A_{16}=A_{26}=0 \end{cases} \qquad (12.4)$$

式(12.3)中,临界载荷取决于沿 y 方向的特性 D_{22} 和 b,以及耦合特性 D_{12} 和 D_{66}。显然,这取决于沿 x 方向的特性 D_{11} 和 a(通过系数 K)。这种对 y 方向的依赖性可以通过绕 x 和 y 弯曲的变形来解释。至于对耦合特性的依赖,可以用曲泡的形状来解释。可以证明耦合系数会扰乱曲泡,从而延迟屈曲。

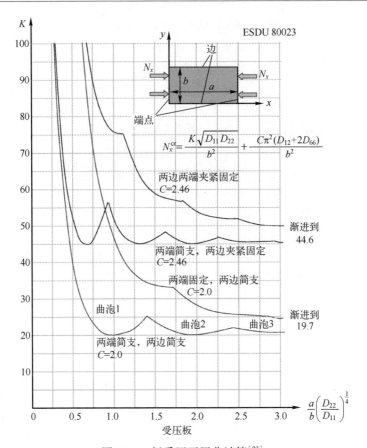

图 12.3 板受压下屈曲计算[23]

根据板的尺寸和弯曲刚度，发生屈曲时伴随有不同数量的曲泡。例如，对于低 λ（柔度系数）值：

$$\lambda = \frac{a}{b}\left(\frac{D_{22}}{D_{11}}\right)^{\frac{1}{4}} \quad (12.5)$$

K 的最小值是针对单个曲泡获得的，而对于较大的 λ 值，则是通过多个曲泡获得的。然而，曲泡的数量受边界条件的影响，经常使用简支情况的渐近值，即 $K=19.7$ 来获得保守结果。事实上，屈曲对边界条件非常敏感，而边界条件通常并不为人所知。

示例：层合板 $[0°_n, 90°_n]_S$。

如图 12.4 所示，考虑具有铺层顺序 $[0°_n, 90°_n]_S$ 的层合板，该层合板由单向 0.25mm 厚的 T300/914 层组成，受到压缩合成力 $N_x = -1000\text{N/mm}$，边长分别

为 $a=300\text{mm}$ 和 $b=200\text{mm}$，在所有四个边上简支约束，如图 12.5 所示（本质上，一张 A4 纸大小的板可以承受 20t 的压缩）。

确定 n，以确定承担载荷。

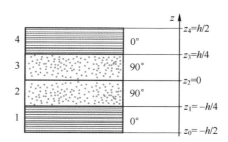

图 12.4 层合板 $[0°_n, 90°_n]_S$

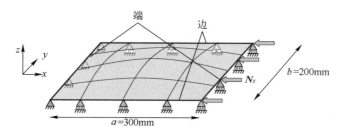

图 12.5 受压的层合板 $[0°_n, 90°_n]_S$

例如，首先取 $n=2$ 或厚度 $h=2\text{mm}$ 的板。计算层合板的弯曲刚度：

$$\boldsymbol{D} = \begin{bmatrix} 78908 & 1170 & 0 \\ 1170 & 15300 & 0 \\ 0 & 0 & 2800 \end{bmatrix}_{(x,y)} \quad (\text{N} \cdot \text{mm}) \tag{12.6}$$

然后得

$$\lambda = \frac{a}{b}\left(\frac{D_{22}}{D_{11}}\right)^{\frac{1}{4}} = 0.99 \tag{12.7}$$

因此

$$K = 19.7 \tag{12.8}$$

和

$$N_x^{\text{cr}} = 20.5 \text{N/mm} \tag{12.9}$$

这显然不足以承担当前的载荷。屈曲测试中压缩的负号一般都不用了，但应该记住它确实是一个压缩。

通过逐渐增加 n，获得了可以承担载荷的最低 n 值：

$$\begin{cases} n = 8 \\ h = 8\text{mm} \end{cases} \quad (12.10)$$

得

$$N_x^{cr} = 1310\text{N/mm} \quad (12.11)$$

为了确定 n，可以使用屈曲阻力随厚度的立方而变化的事实，与抗弯刚度相同。总而言之，如果将板的厚度乘以 2（具有相同的铺层顺序，但层的厚度是 2 倍），那么将得到乘以 $2^3 = 8$ 的弯曲刚度和屈曲。

然后可以验证在 $N_x = -1000\text{N/mm}$ 下，安全因子 RF（例如使用山田善准则）保持在 1 以上：

(1) 对于 0°的层，RF = 5.89。
(2) 对于 90°的层，RF = 563。

这里得到了广泛的验证。

尽管如此，可以通过在表面添加一层 45°和 -45°的层来轻松改进此铺层顺序：

$$[45°, -45°, 0°_n, 90°_n]_S$$

然后得

$$\begin{cases} n = 6 \\ h = 7\text{mm} \end{cases} \quad (12.12)$$

屈曲临界阻力为

$$N_x^{cr} = 1370\text{N/mm} \quad (12.13)$$

并且 RF 仍然远远超过 1：

(1) 对于 0°的层，RF = 4.81。
(2) 对于 90°的层，RF = 65.5。
(3) 对于 45°的层，RF = 6.11。
(4) 对于 -45°的层，RF = 6.11。

这种安全因数的增加仍然很小，但不可忽视。因此，可以证明，为了增加板的抗屈曲性，最好将层放置在外表面按 ±45°方向铺设。在航空领域，实际上通常在外表面以 ±45°的方向铺设两层。这带来了双重优势，既增加了抗屈曲性，又保护了 0°层（通常是最大承载层）。

接下来，通过仅使用 ±45°的层片，来进一步提高这种铺层顺序的抗屈曲性（即使这种类型的铺层顺序可能会因基体开裂而带来其他一些问题）：

$$[45°_n, -45°_n]_S$$

然后得

第12章 屈曲

$$\begin{cases} n=6 \\ h=6\text{mm} \end{cases} \quad (12.14)$$

临界屈曲阻力为

$$N_x^{\text{cr}} = 1320\text{N/mm} \quad (12.15)$$

但是这次安全因数 RF 低于 1，因为在 0° 处没有层来承担载荷：

(1) 对于 45° 的层，RF = 0.89。

(2) 对于 -45° 的层，RF = 0.89。

此外，在实践中，每个方向上总是至少有 10% 的纤维。因此，可以通过在 0° 和 90° 处添加层来修正这些安全因数 RF：

$$[(45°,-45°)_5,0,90]_S$$

或者

$$\begin{cases} n=24 \\ h=6\text{mm} \end{cases} \quad (12.16)$$

抗屈曲临界阻力为

$$N_x^{\text{cr}} = 1320\text{N/mm} \quad (12.17)$$

并且 RF 高于 1：

(1) 对于 0° 的层，RF = 1.85。

(2) 对于 90° 的层，RF = 3.40。

(3) 对于 45° 的层，RF = 1.93。

(4) 对于 -45° 的层，RF = 1.93。

即使当仅使用两个准则：第一层的断裂准则和抗屈曲性准则，与金属结构相比，确定复合材料结构的最佳铺层顺序仍然是一个复杂的过程。

12.3 剪切载荷作用下的板屈曲

对于处于压缩载荷下的板，剪切加载会引起屈曲。事实上，切应力是 45° 的拉伸和 -45° 的压缩共同作用的结果，其中的压缩分量会引起屈曲（图 12.6）。

剪切载荷 T_{xy}^{cr} 作用下的临界屈曲载荷是使用图表获得的（图 12.7），该图表提供了以下演变：

$$\frac{T_{xy}^{\text{cr}} ab}{\sqrt{D_{11}D_{22}}} \quad (12.18)$$

根据柔度 λ 的计算公式：

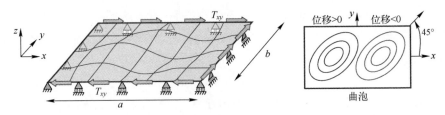

图 12.6 剪切载荷下简支板的屈曲

$$\lambda = \frac{a}{b}\left(\frac{D_{22}}{D_{11}}\right)^{\frac{1}{4}} \tag{12.19}$$

图 12.7 仅适用于板的所有四个侧面都简支的情况,但由于同时它是航空中最常用的边界条件,因此图 12.7 涵盖了大量情况。

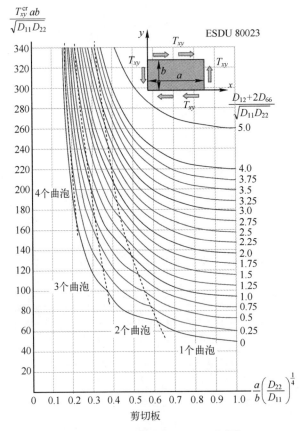

图 12.7 剪切载荷下板的计算[23]

再一次强调,公式仅对(x,y)中的正交各向异性板有效,因此,如果板遵守镜像对称性($\boldsymbol{B}=0$),则有

$$\begin{cases} D_{16}=D_{26}=0 \\ A_{16}=A_{26}=0 \end{cases} \quad (12.20)$$

在多轴载荷的情况下,有N_x、N_y和T_{xy},即使存在一些相关图表[23,41],也很快会发现在使用有限元求解时,屈曲的计算变得更加复杂。有关屈曲计算的更多详细信息,感兴趣的读者可以参考文献[11,23,27,41],并特别参考14.8节中的问题以计算加筋板的屈曲。

第13章 复合材料铺设的综合规则

在结束本书之前,本章介绍关于飞机结构复合材料层合板铺设的主要规则及其相关解释。但请谨慎使用,因为这些规则在不断发展,并将在未来一段时间内还将继续发展。实际上,复合材料的研究仍处于初期阶段,且每天都在更新。

1. 镜像对称

镜像对称性避免了冷却期间的扭曲和薄膜/弯曲的耦合。扭曲对于构建扁平件和尺寸公差非常不利,通常薄膜/弯曲耦合不太重要。镜像对称性这条规则经常被人们广泛遵守。

2. +45°和-45°的层数一样多

需要重申的是,在+45°处和在-45°处的层数一样多的层合板称为平衡层合板。由于存在剪切阻力,这条规则是很有意义的。

(1) 切应力在+45°处产生相同量级的拉伸;

(2) 而在-45°处产生相同量级的压缩;

(3) 这避免了冷却期间的拉伸/剪切耦合和剪切(与第一个原因相比,最后两个原因不太重要)。

然而,由于复合材料通常更能抵抗拉伸而不是压缩,工程师有时会选择在承受拉伸应力的方向上使用较少的纤维(如果剪切为正,则为+45°)。尽管如此,这条规则仍然被广泛遵守。

3. 每个方向至少铺层10%

尽管是为了实现结构更轻,每个方向至少铺层10%这条规则开始受到人们的质疑,但它却是至关重要并且有不同的解释(在撰写本书时,这10%趋向于7%~8%)。第一个原因涉及基体开裂:当在一个方向上施加载荷时,基体中会在与其垂直的方向上出现裂缝,在该垂直方向上的几个铺层可以保护层合板。事实上,这是使用诸如山田善之类的准则的必要条件之一,该准则不考虑基体开裂(或至少仅考虑由剪切引起的部分)。第二个原因是不必考虑次级载荷而只需考虑最大载荷。如果在一个方向上没有铺层,即使在该方向上呈现低载荷的情况也可能最终成为破坏的关键因素。第三个原因是外部载荷的偶发变化,在结构的生命周期中,载荷有时会以或多或少复杂的方式变化,为了避免偶发载荷，每个方向都需要最少的铺层来承担这些意外载荷。最后，铺层最少的那个方向，可为铆钉和孔周围的载荷提供更有效的支撑。在这些应力强度变强的区域，即使远场加载很简单，孔的存在也会产生复杂的局部应力场以及合成力的所有分量。

4. 分散铺层顺序

避免在同一方向放置太多连续的铺层，并尽量将它们分布在整个厚度上。这限制了层间应力，也限制了分层。这条规则通常得到适当的遵守。

5. 在表面沿±45°方向铺层

在表面沿±45°方向铺层会增加抗屈曲性，并保护承担主要承载层（通常以0°铺设层）。这个规则被普遍遵守，导致在$[+45,-45,\cdots]_s$中产生大量的工业铺层顺序。

6. 避免两个连续层之间为90°铺层顺序

避免两个连续层之间为90°铺层顺序限制了层间应力，从而导致分层。这条规则很难遵守，因此经常被忽视。

第 14 章 练 习 题

14.1 单向复合材料特性的试验测定

评估纤维体积含量占比为 50%，每层厚为 0.25mm 的玻璃/环氧树脂单向复合材料的弹性特性。为此，分别对 0°、90° 和 20° 的三个单向试样方向进行拉伸，如图 14.1 所示。

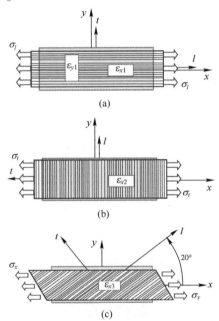

图 14.1 用于表征单向层的拉伸试验
(a) 0°拉伸试验；(b) 90°拉伸试验；(c) 20°拉伸试验。

将两个应变片分别沿 x 和 y 方向粘贴在 0° 的试样上，在另两个试样上沿 x 方向各粘贴一个应变片。标准（ASTMD3039-76）[5] 为此类试样规定了几何形状要求，如图 14.2 所示。

对于应力 $\sigma_x = 20\text{MPa}$，测得以下应变：

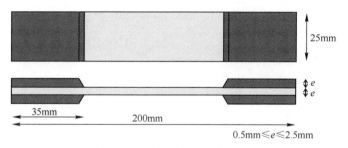

图 14.2 拉伸试样的几何形状

$$\begin{cases} \varepsilon_{x1} = 143\mu\varepsilon \\ \varepsilon_{y1} = -36\mu\varepsilon \\ \varepsilon_{x2} = 2740\mu\varepsilon \\ \varepsilon_{x3} = 616\mu\varepsilon \end{cases} \quad (14.1)$$

问题 1
解释一下为什么必须要用垫片。
问题 2
确定层的弹性特性。
问题 3
确定主应力、主应变和方向。
问题 4
若要确定该单向复合材料的拉伸断裂极限,需要进行三个测试试验,直到试样断裂,并得到以下结果:

$$\begin{cases} \sigma_{x1} = 1250\text{MPa} \\ \sigma_{x2} = 35\text{MPa} \\ \sigma_{x3} = 165\text{MPa} \end{cases} \quad (14.2)$$

使用这些结果,用希尔准则推导出拉伸断裂特性。
问题 5
若用希尔准则来确定该单向复合材料的所有压缩断裂特性,需要进一步做哪些测试试验?使用什么形状的试样?

14.2　层合板的断裂

考虑层厚为 0.25mm 碳/环氧树脂 T700/M21 单向复合材料,该复合材料具有以下特性:

$$\begin{cases} E_l = 130\text{GPa} \\ E_t = 7\text{GPa} \\ \nu_{lt} = 0.3 \\ G_{lt} = 4.5\text{GPa} \end{cases} \text{和} \begin{cases} \sigma_l^t = 2300\text{MPa} \\ \sigma_l^c = -1200\text{MPa} \\ \sigma_t^t = 60\text{MPa} \\ \sigma_t^c = -250\text{MPa} \\ \tau_{lt}^f = 110\text{MPa} \end{cases} \tag{14.3}$$

问题 1

当受到的合成力 $N_x = 2500\text{N/mm}$ 时，使用希尔准则确定层合板 $[45, -45, 0_2, 90, 0]_s$ 是否断裂。

问题 2

确定拉伸断裂合成力 N_x^t。

问题 3

实际上，这种层合板会因合成力 $N_x^t = 4000\text{N/mm}$ 而断裂。如何解释这种差异？提出一个解决方案，以便应用希尔准则计算层合板的真实断裂的合成力。

问题 4

确定压缩合成力 N_x^c。

14.3 剪切模量

如图 14.3 所示，考虑 45°方向的碳/环氧树脂 T700/M21 单向复合材料，具有以下弹性特性：

$$\begin{cases} E_l = 130\text{GPa} \\ E_t = 7\text{GPa} \\ \nu_{lt} = 0.3 \\ G_{lt} = 4.5\text{GPa} \end{cases} \tag{14.4}$$

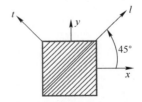

图 14.3 取向为 45°的单向层

问题 1

确定剪切模量 G_{xy}。

问题 2

现在使用 50%的碳纤维体积含量占比（经向 25%，纬向 25%），以 45°方向铺层的平衡碳/环氧树脂织物代替这种单向复合材料，具有以下弹性特性：

$$\begin{cases} E_l = 55\text{GPa} \\ E_t = 52\text{GPa} \\ \nu_{lt} = 0.04 \\ G_{lt} = 4.2\text{GPa} \end{cases} \tag{14.5}$$

确定剪切模量 G_{xy}。

14.4 铺层顺序的优化

若用厚度为 0.125mm 的单向碳/环氧树脂 T300/914 复合材料制成具有以下特性的层合板：

$$\begin{cases} E_l = 134\text{GPa} \\ E_t = 7\text{GPa} \\ \nu_{lt} = 0.25 \\ G_{lt} = 4.2\text{GPa} \end{cases} \text{和} \begin{cases} \sigma_l^t = 1500\text{MPa} \\ \sigma_l^c = -1400\text{MPa} \\ \sigma_t^t = 50\text{MPa} \\ \sigma_t^c = -200\text{MPa} \\ \tau_{lt}^f = 75\text{MPa} \end{cases} \tag{14.6}$$

受到以下合成力的作用：

$$\begin{cases} N_x = -1000\text{N/mm} \\ N_y = 1000\text{N/mm} \end{cases} \tag{14.7}$$

问题 1

确定每个方向的铺层占比。

问题 2

确定每个方向的层数和每层的应力。

问题 3

确定边长为 200mm 的方形面板，沿 x 方向纯压缩下的屈曲极限，假设所有四个边上都是简支约束。

14.5 复合材料薄壁筒

如图 14.4 所示，考虑一复合材料薄壁筒，其壁厚与其半径相比很薄，一端固定，另一端自由，由碳/环氧树脂单向复合材料制成。

159

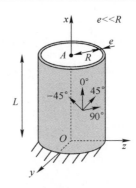

图 14.4 受拉/压缩/扭转/弯曲的复合材料薄壁筒

在以下情况下，确定每个方向的纤维占比：

（1）拉伸，$F=Fx$，A 中，$F>0$。

（2）压缩，$F=Fx$，A 中，$F<0$。

（3）扭转，$M=Mx$，A 中。

（4）弯曲，$F=Fy$，A 中。

（5）弯曲和扭转，A 中，$F=Fy$ 和 A 中，$M=Mx$。

14.6 无须计算确定层中特性

考虑以下四块板，见表 14.1。

表 14.1 所研究四块平板的铺设顺序

	板 1	板 2	板 3	板 4
第 1 层	0°	0°	45°	0°
第 2 层	90°	90°	−45°	0°
第 3 层	蜂窝状	90°	−45°	0°
第 4 层	90°	0°	45°	0°
第 5 层	0°	—	—	—

其中各层具有以下特征（图 14.5）：

（1）0°、90°、±45°，单向层为 0.25mm 厚的碳/环氧树脂（E_l 和 E_t 分别为纵向和横向模量）。

（2）芯材，10mm 厚的铝蜂窝。

不用计算，确定：

（1）弯曲刚度最高的板。

（2）沿 x 方向具有最高拉伸刚度的板。

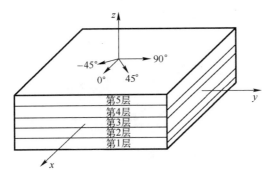

图 14.5 研究的层合板

（3）平面 (x,y) 中具有最高剪切刚度的板。
（4）沿 x 和 y 方向的拉伸刚度之比。
（5）沿 x 方向具有最高断裂极限的板。
（6）沿 x 方向具有最高屈曲阻力的板。

14.7 弯曲夹心梁

如图 14.6 所示，考虑一个弯曲的夹心梁，一端固定，另一端自由，受到弯曲力作用。

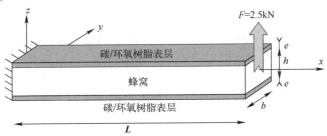

图 14.6 弯曲夹心梁

该梁的 Nomex® 蜂窝芯具有以下特性：

$$\begin{cases} b = 100\,\text{mm} \\ h = 100\,\text{mm} \\ L = 2000\,\text{mm} \\ \rho = 60\,\text{kg/m}^3 \end{cases} \text{和} \begin{cases} E_T = 25\,\text{MPa} \\ G_{WT} = 24\,\text{MPa} \\ G_{LT} = 48\,\text{MPa} \\ \sigma_T^f = -2.8\,\text{MPa} \\ \tau_{Wt}^f = 0.85\,\text{MPa} \\ \tau_{LT}^f = 1.6\,\text{MPa} \end{cases} \quad (14.8)$$

其中蜂窝的方向 L（"纵向"）对应于梁的 x 方向，W（"宽度"）对应于梁的方向 y，T（"厚度"）对应于梁的平面方向 z（图 14.7）。

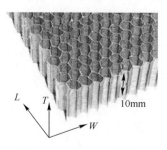

图 14.7　Nomex®蜂窝

顶部和底部表面层由 0.125mm 厚的碳/环氧树脂单向层制成准各向同性层合板 $[0°,45°,90°,-45°]_S$，具有以下特性：

$$\begin{cases} e=1\text{mm} \\ E_l=134\text{GPa} \\ E_t=7\text{GPa} \\ \nu_{lt}=0.25 \\ G_{lt}=4.2\text{GPa} \end{cases} \text{和} \begin{cases} \sigma_l^t=1500\text{MPa} \\ \sigma_l^c=-1400\text{MPa} \\ \sigma_t^t=50\text{MPa} \\ \sigma_t^c=-200\text{MPa} \\ \tau_{lt}^f=75\text{MPa} \end{cases} \quad (14.9)$$

问题 1

评论蜂窝的特性，尤其是特性中为什么缺少某些模量值和断裂极限。

问题 2

沿梁确定弯矩和剪力。

问题 3

定性解释弯矩和剪力由什么来承担。由此，推导出在横截面的顶部、底部以及中心处，最大载荷引起的应力。

问题 4

确定由弯矩引起的挠度。

提醒一下，对于具有均质横截面的弯曲梁（挠曲线近似微分方程）表示为

$$M_y = -EI_y \frac{\partial^2 w}{\partial x^2} \quad (14.10)$$

式中的负号源于坐标系的定义。当 x 是梁的方向，y 是挠度的方向时，在经典关系中不存在负号（$M_z=EI_z\partial^2 v/\partial x^2$）。还要注意，该关系类似于合成力矩

M_x 和曲率 k_{0x} 之间的关系式（第 7 章）。

问题 5

确定由于剪力引起的挠度。

提醒一下，对于具有均质横截面受剪力作用的梁，得

$$T_z = GS \frac{\partial w}{\partial x} \quad (14.11)$$

这种关系式简单地来自本构关系 $\tau_{xz} = G_{xz}\gamma_{xz}$，具有均匀切应力时 $\tau_{xz} = T_z/S$，而切应变 γ_{xz} 等于 w 的一阶导数。

问题 6

确定总挠度并将其与没有蜂窝的情况进行比较。证明没有蜂窝时，梁不能承受 2.5kN 的载荷。

问题 7

确定此梁是否断裂。

14.8 层合板受压

如图 14.8 所示，若用碳/环氧树脂 T300/914 单向层（厚度为 0.25mm）制作一个面积为 $1m^2$ 的平板，该平板受到 $-100N/mm$ 的压缩合成力，并在所有四个侧面上简支约束。

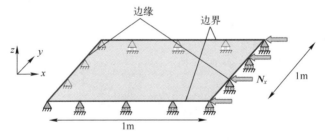

图 14.8 承压下的简支板

问题 1

给出铺层顺序建议并确定厚度以使其抵抗断裂。

问题 2

证明使用这种类型的铺层顺序，板会屈曲。

问题 3

给出铺层顺序修改建议以提高抗屈曲性？

为了简化问题，将总厚度设置为 8mm，使用 ESDU80023[23] 给出的标准

（表14.2），得到以下临界屈曲合成力。

表14.2 计算8个铺设顺序的屈曲压力、弯曲刚度和安全因数RF（两个纯单向层铺设顺序完全是教科书案例，仅用于研究目的，但不是实际的铺设顺序）

	N_x^{cr} /(N/mm)	D_{11} /(N·mm)	D_{22} /(N·mm)	RF(0°)	RF(90°)	RF(±45°)
$[0_{32}]$（教科书情况）	68	5.7×10^6	3.0×10^5	112	—	—
$[90_{32}]$（教科书情况）	35	3.0×10^5	5.7×10^6	—	$+\infty$	—
$[0,90]_{8S}$	68	4.0×10^6	2.0×10^6	59	5364	—
$[0,45,90,-45]_{4S}$	84	3.9×10^6	1.3×10^6	42	155	50
$[45,-45,0,90]_{4S}$	113	2.1×10^6	1.6×10^6	42	155	50
$[45,-45]_{8S}$	119	1.7×10^6	1.7×10^6	—	—	12

问题4

为什么0°的层比90°的层好？

如何解释45°层的影响？

问题5

为了使该板更轻，有哪些建议？

问题6

若要制成带有T形加强筋的加筋板，如图14.9所示，建议这些加强筋采用什么形状？如何铺设加强筋？

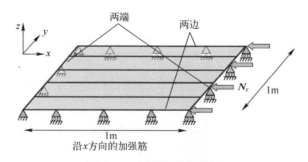

图14.9 屈曲下的加筋板

问题7

为了简化问题，将T形加强筋的高度限制为40mm，彼此相距200mm，表面层和加强筋采用同样的铺层顺序，如图14.10所示。

为了抵抗屈曲，需要确定采用哪种铺层顺序？要回答这个问题，需要使用有限元方法进行计算。

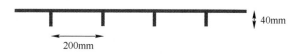

图 14.10 采用 T 形加强筋的加筋板

14.9 扭转/内压作用下的薄壁筒

如图 14.11 所示，考虑由单向层碳/环氧树脂 T300/914 复合材料（厚度 0.125mm）制成的薄壁筒，受扭转和内压的作用：

$$\begin{cases} R = 50\text{mm} \\ P = 100\text{bar} \\ C = 4000\text{kN} \cdot \text{mm} \end{cases} \qquad (14.12)$$

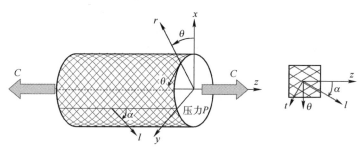

图 14.11 扭转/内压作用下复合材料薄壁筒

问题 1

确定该单向层合板所受的合成力。

问题 2

使用 0°、90°和±45°的层片制作此薄壁筒。确定铺层顺序（在这种情况下，为了简化问题，不会刻意强调每个方向至少 10%的纤维）。

问题 3

若以丝状缠绕的方式制成该薄壁筒，并具有$[+\alpha, -\alpha]_n$铺层顺序。确定α和n，以使层数尽可能少。

14.10 用应变断裂准则优化织物

如图 14.12 所示，考虑厚度为 0.5mm 的织物层（八线束染色织物层）碳/环氧树脂 G803/914，它具有以下特性：

$$\begin{cases} \rho = 1600 \text{kg/m}^3 \\ E_l = E_t = E = 52 \text{GPa} \\ \nu_{lt} = \nu = 0.03 \\ G_{lt} = G = 3.8 \text{GPa} \\ \varepsilon_l^t = \varepsilon_t^t = \varepsilon^t = 8000 \mu\varepsilon \\ \varepsilon_l^c = \varepsilon_t^c = \varepsilon^c = -6500 \mu\varepsilon \end{cases} \quad (14.13)$$

由两层组成的八线束染色织物层显微切片

图 14.12　八线束染色织物层

只对最终断裂感兴趣，假设材料服从应变断裂准则：

$$\begin{cases} \varepsilon_l^c \leq \varepsilon_l \leq \varepsilon_l^t \\ \varepsilon_t^c \leq \varepsilon_t \leq \varepsilon_t^t \end{cases} \quad (14.14)$$

14.10.1　第1部分：引言

问题1
确定该层在0°方向的柔度矩阵（取决于 E、ν 和 G）。

问题2
确定该层在0°方向的刚度矩阵（取决于 E、ν 和 G）。

问题3
确定该层在45°方向的柔度矩阵（取决于 E、ν 和 G）。
解释为什么 S_{16} 和 S_{26}（或 Q_{16} 和 Q_{26}）为0。

问题4
确定该层在45°方向的刚度矩阵（取决于 E、ν 和 G）。
与0°层的情况相比，如何看待 Q_{66} 项？

14.10.2　第2部分：准各向同性铺层顺序

考虑由碳/环氧树脂 G803/914 织物组成的层合板，两层0°和两层45°。

问题 5

确定沿 x 方向的弹性模量。

问题 6

确定沿 u 方向的弹性模量,其中 u 是面 (x,y) 上与 x 成 θ 角的矢量。

问题 7

确定切应力极限 τ_{xy}^0。如何看待 0°层的安全因子 RF?

问题 8

确定在下面载荷作用下,每层的安全因子 RF:

$$\begin{cases} N_x = -1500\text{N}/\text{mm} \\ T_{xy} = 600\text{N}/\text{mm} \end{cases} \quad (14.15)$$

问题 9

根据之前的结果并尽可能少地使用计算,提出一个可以抵抗这种载荷的铺层顺序。

14.10.3 第 3 部分:铺层顺序优化

问题 10

按照第 8 章中介绍的铺层顺序优化方法,针对纤维情况,确定最佳铺层顺序以抵抗下面这种载荷:

$$\begin{cases} N_x = -1500\text{N}/\text{mm} \\ T_{xy} = 600\text{N}/\text{mm} \end{cases} \quad (14.16)$$

为什么这里得到的优化结果的解,比上个优化结果的解更"厚重"?

14.10.4 第 4 部分:弯曲下的铺层顺序优化

考虑使用两层 0°和六层 45°的铺层顺序。

问题 11

确定最佳铺层顺序以抵抗弯曲合成力矩 M_x,然后确定断裂合成力矩 M_x^f。

14.11 开孔拉伸试验

研究由碳纤维/环氧树脂 IM7/M21 织物制成的带孔复合板(图 14.13),受到远场拉伸合成力(意味着远离孔)N_x^∞。层合板呈准各向同性铺层顺序 $[0,45]_s$,每层厚 0.5mm,总厚度 $e = 2$mm。假设孔的半径与板的尺寸相比很小。

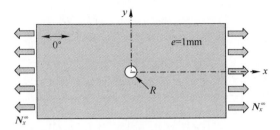

图 14.13 受拉伸作用的带孔板

IM7/M21 织物的弹性模量和断裂特性如下：

$$\begin{cases} \rho = 1580 \text{kg/m}^3 \\ E_l = E_t = E = 80 \text{GPa} \\ \nu_{lt} = \nu = 0.04 \\ G_{lt} = G = 4.6 \text{GPa} \\ \varepsilon_l^t = \varepsilon_t^t = 0.018 \\ \varepsilon_l^c = \varepsilon_t^c = -0.011 \\ \gamma_{lt}^f = 0.025 \end{cases} \qquad (14.17)$$

若只对最终断裂感兴趣，则假设材料服从应变断裂准则：

$$\begin{cases} \varepsilon_l^c \leqslant \varepsilon_l \leqslant \varepsilon_l^t \\ \varepsilon_t^c \leqslant \varepsilon_t \leqslant \varepsilon_t^t \end{cases} \qquad (14.18)$$

问题 1

确定无孔时的断裂合成力 N_x^{plain}。

问题 2

验证等效模量 E_x、E_y、ν_{xy} 和 G_{xy} 等于

$$\begin{cases} E_x = E_y = 56.8 \text{GPa} \\ \nu_{xy} = 0.32 \\ G_{xy} = 21.5 \text{GPa} \end{cases} \qquad (14.19)$$

问题 3

证明孔边缘的合成力集中比（即孔边缘获得的最大合成力与远场合成力的比值）等于

$$K_T^\infty = \frac{N_x^{\max}}{N_x^\infty} = 1 + \sqrt{2\left(\sqrt{\frac{E_x}{E_y}} - \nu_{xy}\right) + \frac{E_x}{G_{xy}}} \qquad (14.20)$$

距离孔(y-R)处的合成力大小为

$$\frac{N_x(y)}{N_x^\infty} = 1 + \frac{1}{2(1+\alpha)^2} + \frac{3}{2(1+\alpha)^3} - (K_T^\infty - 3)\left(\frac{5}{2(1+\alpha)^5} - \frac{7}{2(1+\alpha)^7}\right) \quad (14.21)$$

式中：$\alpha = (y-R)/R$（注意到 α 在孔边缘的值为 0）。给出关系式 N_x/N_x^∞ 的迹线，如图 14.14 所示。

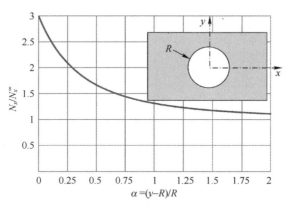

图 14.14 在孔边的应力集中比

推导出存在孔时的断裂合成力 N_x^{hole}。证明合成力与孔的大小无关，怎么看？

问题 4

事实上，通过试验得到：

（1）对于半径 $R_{10} = 10$mm 的孔，$N_{x10} = 910$N/mm。

（2）对于半径 $R_6 = 6$mm 的孔，$N_{x6} = 1050$N/mm。

（3）对于半径 $R_1 = 1$mm 的孔，$N_{x1} = 1760$N/mm。

如何看待这种孔的尺度效应？为什么孔的尺度越小，其危险性越小？

在实践中，为了说明这种孔尺寸效应，使用点应力法准则（图 14.15）。

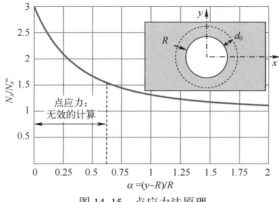

图 14.15 点应力法原理

这与考虑距离孔一侧一定距离 d_0 处的应力达到断裂准则时相同。点应力法的物理意义是什么？确定 R_1、R_6 和 R_{10} 时的点应力距离 d_0。

14.12 多螺栓复合材料接头

评估由 T300/914 制成的两块复合材料板（层厚为 0.25mm），在接头方向受到合成力 N_x = 1500N/mm 的作用，采用多螺栓复合材料接头，用直径为 5mm 的铆钉连接两个板，并给两个板之一施加大小为 N_y = 1000N/mm 的合成力，如图 14.16 所示。

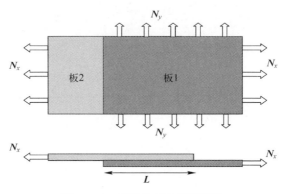

图 14.16 多螺栓复合材料接头

问题 1
确定板的厚度、铺层顺序、接头 L 的尺度以及铆钉的数量和位置。

问题 2
在这种情况下，改变板的铺层顺序和厚度有什么意义？给出新的相对应的铺层顺序以及铺层脱落信息。

第 15 章 练习题解答

15.1 单向复合材料特性的试验测定

问题 1（图 15.1）

为了最大限度地减少试验机夹具处的应力集中，必须使用垫片，这在寻找断裂极限时，尤其重要。总而言之，如果只是简单地单独拧紧试样，则很快就会在夹具边缘处出现断裂，因此最大应力将远低于实际的断裂极限。

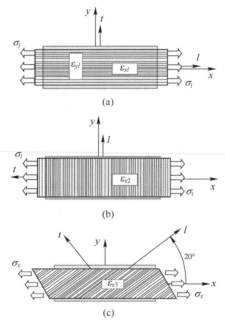

图 15.1 单向层力学特性的拉伸试验
（a）0°拉伸试验；（b）90°拉伸试验；（c）20°拉伸试验。

问题 2

单向层的弹性本构关系由两个弹性模量 E_l 和 E_t、泊松系数 ν_{lt} 以及剪切模量 G_{lt} 来表征，应力与应变间的关系为

$$\begin{bmatrix} \varepsilon_l \\ \varepsilon_t \\ \gamma_{lt} \end{bmatrix}_{(l,t)} = \begin{bmatrix} \dfrac{1}{E_l} & \dfrac{-\nu_{lt}}{E_l} & 0 \\ \dfrac{-\nu_{lt}}{E_l} & \dfrac{1}{E_t} & 0 \\ 0 & 0 & \dfrac{1}{G_{lt}} \end{bmatrix} \begin{bmatrix} \sigma_l \\ \sigma_t \\ \tau_{lt} \end{bmatrix}_{(l,t)} \qquad (15.1)$$

显然，这种关系只在坐标系(l,t)中成立。

在0°方向测试的情况下，坐标系(x,y)也是坐标系(l,t)，因此得

$$\boldsymbol{\sigma} = \begin{bmatrix} \sigma_x \\ 0 \\ 0 \end{bmatrix}_{(x,y)} = \begin{bmatrix} \sigma_x \\ 0 \\ 0 \end{bmatrix}_{(l,t)} \qquad (15.2)$$

以及

$$\boldsymbol{\varepsilon} = \begin{bmatrix} \dfrac{\sigma_x}{E_l} \\ \dfrac{-\nu_{lt}\sigma_x}{E_l} \\ 0 \end{bmatrix}_{(l,t)} = \begin{bmatrix} \dfrac{\sigma_x}{E_l} \\ \dfrac{-\nu_{lt}\sigma_x}{E_l} \\ 0 \end{bmatrix}_{(x,y)} \qquad (15.3)$$

和

$$\begin{cases} E_l = \dfrac{\sigma_x}{\varepsilon_{x1}} = 140\text{GPa} \\ \nu_{lt} = \dfrac{-\varepsilon_{y1}}{\varepsilon_{x1}} = 0.25 \end{cases} \qquad (15.4)$$

然后，在90°方向进行的测试，可以确定弹性模量E_t，而

$$\boldsymbol{\sigma} = \begin{bmatrix} \sigma_x \\ 0 \\ 0 \end{bmatrix}_{(x,y)} = \begin{bmatrix} 0 \\ \sigma_x \\ 0 \end{bmatrix}_{(l,t)} \qquad (15.5)$$

因此

$$\boldsymbol{\varepsilon} = \begin{bmatrix} \dfrac{-\nu_{lt}\sigma_x}{E_l} \\ \dfrac{\sigma_x}{E_l} \\ 0 \end{bmatrix}_{(l,t)} = \begin{bmatrix} \dfrac{\sigma_x}{E_l} \\ \dfrac{-\nu_{lt}\sigma_x}{E_l} \\ 0 \end{bmatrix}_{(x,y)} \qquad (15.6)$$

以及

$$E_t = \frac{\sigma_x}{\varepsilon_{x2}} = 7.3\text{GPa} \tag{15.7}$$

在 20° 方向的测试，可以确定剪切弹性模量。首先，需要通过执行从 (x,y) 到 (l,t) 的坐标旋转来确定坐标系 (l,t) 中的应力张量：

$$\boldsymbol{\sigma} = \begin{bmatrix} \sigma_x \\ 0 \\ 0 \end{bmatrix}_{(x,y)} = \begin{bmatrix} c^2 & s^2 & 2sc \\ s^2 & c^2 & -2sc \\ -sc & sc & (c^2-s^2) \end{bmatrix} \begin{bmatrix} \sigma_x \\ 0 \\ 0 \end{bmatrix} = \begin{bmatrix} c^2\sigma_x \\ s^2\sigma_x \\ -sc\sigma_x \end{bmatrix}_{(l,t)} \tag{15.8}$$

式中：$c = \cos\theta$；$s = \sin\theta$。因此

$$\boldsymbol{\varepsilon} = \begin{bmatrix} \dfrac{\sigma_x}{E_l}(c^2 - \nu_{lt}s^2) \\ \sigma_x\left(\dfrac{-\nu_{lt}}{E_l}c^2 + \dfrac{s^2}{E_t}\right) \\ \dfrac{-sc}{G_{lt}}\sigma_x \end{bmatrix}_{(l,t)} \tag{15.9}$$

然后，需要将应变张量返回到坐标系 (x,y) 中，即执行 $-\theta$ 的旋转操作（这里只需将 s 更改为 $-s$，且不要忘记系数 2 是大家很熟悉的 $\varepsilon_{xy} = \gamma_{xy}/2$ 中的系数）：

$$\boldsymbol{\varepsilon} = \begin{bmatrix} \varepsilon_x \\ \varepsilon_y \\ \gamma_{xy} \end{bmatrix}_{(x,y)} = \begin{bmatrix} c^2 & s^2 & -sc \\ s^2 & c^2 & sc \\ 2sc & -2sc & (c^2-s^2) \end{bmatrix} \begin{bmatrix} \dfrac{\sigma_x}{E_l}(c^2 - \nu_{lt}s^2) \\ \sigma_x\left(\dfrac{-\nu_{lt}}{E_l}c^2 + \dfrac{s^2}{E_t}\right) \\ \dfrac{-sc}{G_{lt}}\sigma_x \end{bmatrix}_{(l,t)} \tag{15.10}$$

知道只有分量 ε_x 是感兴趣的：

$$\varepsilon_x = c^2 \varepsilon_l + s^2 \varepsilon_t - 2c\gamma_{lt} = \sigma_x \left[\frac{c^4}{E_l} - \frac{2\nu_{lt}c^2s^2}{E_l} + \frac{s^4}{E_t} + \frac{c^2 s^2}{G_{lt}} \right] \tag{15.11}$$

因此

$$G_{lt} = \left[\frac{\varepsilon_x}{c^2 s^2 \sigma_x} - \frac{c^2}{s^2 E_l} + \frac{2\nu_{lt}}{E_l} - \frac{s^2}{c^2 E_t} \right]^{-1} = 4.35\text{GPa} \tag{15.12}$$

问题 3

在 0° 方向拉伸的情况下，坐标系 (x,y) 显然是主坐标系。因此

$$\begin{cases} \sigma_{\text{I}} = \sigma_x \\ \sigma_{\text{II}} = 0 \end{cases} \text{和} \begin{cases} \varepsilon_{\text{I}} = \varepsilon_{x1} \\ \varepsilon_{\text{II}} = \varepsilon_{y1} = -\nu_{lt}\varepsilon_{x1} \end{cases} \text{和} \begin{cases} x_{\text{I}} = x \\ x_{\text{II}} = y \end{cases} \tag{15.13}$$

在 90° 方向拉伸的情况下：

$$\begin{cases} \sigma_\mathrm{I} = \sigma_x \\ \sigma_\mathrm{II} = 0 \end{cases} \text{和} \begin{cases} \varepsilon_\mathrm{I} = \varepsilon_{x2} \\ \varepsilon_\mathrm{II} = \varepsilon_{y2} = -\nu_{lt}\varepsilon_{x2} = -\nu_{lt}\dfrac{E_t}{E_l}\varepsilon_{x2} \end{cases} \text{和} \begin{cases} x_\mathrm{I} = y \\ x_\mathrm{II} = x \end{cases} \quad (15.14)$$

如果需要，也可以选择 $x_\mathrm{II} = -x$，那么 $(x_\mathrm{I}, x_\mathrm{II})$ 是一个直角正交坐标系。实际上，只对 x_I 和 x_II 的方向感兴趣。

显然，在沿 20° 方向拉伸的情况下，问题稍微复杂一些。依然有

$$\begin{cases} \sigma_\mathrm{I} = \sigma_x \\ \sigma_\mathrm{II} = 0 \end{cases} \text{和} \begin{cases} x_\mathrm{I} = x \\ x_\mathrm{II} = y \end{cases} \quad (15.15)$$

然而，这个坐标系并不是应变的主坐标系，事实上，γ_{xy} 不为 0：

$$\boldsymbol{\varepsilon} = \begin{bmatrix} \varepsilon_x \\ \varepsilon_y \\ \gamma_{xy} \end{bmatrix}_{(x,y)} = \begin{bmatrix} c^2 & s^2 & -sc \\ s^2 & c^2 & sc \\ 2sc & -2sc & (c^2-s^2) \end{bmatrix} \begin{bmatrix} \dfrac{\sigma_x}{E_l}(c^2 - \nu_{lt}s^2) \\ \sigma_x\left(\dfrac{-\nu_{lt}}{E_l}c^2 + \dfrac{s^2}{E_t}\right) \\ \dfrac{-sc}{G_{lt}}\sigma_x \end{bmatrix}_{(l,t)} = \begin{bmatrix} 616 \\ -205 \\ -1239 \end{bmatrix}_{(x,y)} (\mu\varepsilon)$$

(15.16)

这是因为材料是正交各向异性的，并且加载方向偏离其正交各向异性轴。因此主应力和主应变坐标是不同的。

为了确定主应变，用行列式表示的本征方程为

$$\det(\boldsymbol{\varepsilon} - \varepsilon_i \boldsymbol{I}) = 0 \quad (15.17)$$

记住，应变用矩阵的形式写出：

$$\boldsymbol{\varepsilon} = \begin{bmatrix} 616 & -620 \\ -620 & -205 \end{bmatrix}_{(x,y)} (\mu\varepsilon) \quad (15.18)$$

虽然矢量符号很实用，但这在数学表示是不正确的，而且这个赝矢量并不具有真实矢量的性质。式 (15.17) 有两个解，为主应变，表示为

$$\begin{cases} \varepsilon_\mathrm{I} = 949\mu\varepsilon \\ \varepsilon_\mathrm{II} = -538\mu\varepsilon \end{cases} \quad (15.19)$$

接下来，就是使用以下方法确定应变的主方向：

$$\boldsymbol{\varepsilon} \boldsymbol{x}_i = \varepsilon_i \boldsymbol{x}_i \quad (15.20)$$

因此例如：

$$\boldsymbol{x}_\mathrm{I} = \begin{bmatrix} 620 \\ -333 \end{bmatrix} \text{和} \boldsymbol{x}_\mathrm{II} = \begin{bmatrix} 333 \\ 620 \end{bmatrix} \quad (15.21)$$

同时注意到两个主方向一定是正交的，并且这些矢量定义在一个乘子系数

内（总之只有方向是重要的），矢量单位本身没有意义。因此，由图 15.2 表示。

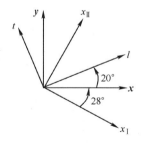

图 15.2　主应变坐标的方位

问题 4

希尔准则定义为

$$\left(\frac{\sigma_l}{\sigma_l^{\pm}}\right)^2 + \left(\frac{\sigma_t}{\sigma_t^{\pm}}\right)^2 - \frac{\sigma_l \sigma_t}{(\sigma_l^{\pm})^2} + \left(\frac{\tau_{lt}}{\tau_{lt}^f}\right)^2 \leqslant 1 \quad (15.22)$$

以及

$$\begin{cases} \sigma_l^{\pm} = \sigma_l^t & \text{若 } \sigma_l > 0 \\ \sigma_l^{\pm} = \sigma_l^c & \text{若 } \sigma_l < 0 \\ \sigma_t^{\pm} = \sigma_t^t & \text{若 } \sigma_t > 0 \\ \sigma_t^{\pm} = \sigma_t^c & \text{若 } \sigma_t < 0 \end{cases} \quad (15.23)$$

这种关系仅在坐标系(l,t)中才成立。

在 0°方向拉伸时，得

$$\boldsymbol{\sigma} = \begin{bmatrix} \sigma_x \\ 0 \\ 0 \end{bmatrix}_{(x,y)} = \begin{bmatrix} \sigma_x \\ 0 \\ 0 \end{bmatrix}_{(l,t)} \quad (15.24)$$

希尔准则可以概括为

$$\sigma_l = \sigma_x \leqslant \sigma_l^t \quad (15.25)$$

因此，断裂时，有

$$\sigma_l^t = \sigma_{x1} = 1250 \text{MPa} \quad (15.26)$$

在 90°拉伸的情况下，有

$$\boldsymbol{\sigma} = \begin{bmatrix} \sigma_x \\ 0 \\ 0 \end{bmatrix}_{(x,y)} = \begin{bmatrix} 0 \\ \sigma_x \\ 0 \end{bmatrix}_{(l,t)} \quad (15.27)$$

希尔准则可以概括为

$$\sigma_t = \sigma_x \leq \sigma_t^t \quad (15.28)$$

因此，断裂时，有

$$\sigma_t^t = \sigma_{x2} = 35\text{MPa} \quad (15.29)$$

在 20°拉伸的情况下，有

$$\boldsymbol{\sigma} = \begin{bmatrix} \sigma_x \\ 0 \\ 0 \end{bmatrix}_{(x,y)} = \begin{bmatrix} c^2 \sigma_x \\ s^2 \sigma_x \\ -sc\sigma_x \end{bmatrix}_{(l,t)} \quad (15.30)$$

希尔准则表示为

$$\left(\frac{\sigma_x c^2}{\sigma_l^t}\right)^2 + \left(\frac{\sigma_x s^2}{\sigma_t^t}\right)^2 - \frac{\sigma_x^2 c^2 s^2}{(\sigma_l^t)^2} + \left(\frac{\sigma_x cs}{\tau_{lt}^f}\right)^2 \leq 1 \quad (15.31)$$

注意到

$$\tau_{lt}^f = \frac{cs}{\sqrt{\dfrac{1}{\sigma_{x3}^2} - \dfrac{c^4}{(\sigma_l^t)^2} - \dfrac{s^4}{(\sigma_t^t)^2} + \dfrac{c^2 s^2}{(\sigma_l^t)^2}}} = 64\text{MPa} \quad (15.32)$$

在实践中，总是设法避免使用偏轴拉伸测试来确定切应力极限 τ_{lt}^f，因为这种类型的测试倾向于低估了 τ_{lt}^f 值，取而代之的是轨道剪切测试方法会更合适[11,27]，然而该测试比较难进行。

问题 5

为了完全确定希尔准则，还缺少两个压缩特性 σ_l^c 和 σ_t^c。要获得这些，最简单的方法是在 0°和 90°进行一次压缩测试。为了正确地将应力引入到试样中，通常用铝片黏合在复合材料试样上，如图 15.3 所示。

原始试样　　　　　断裂试样

图 15.3　压缩测试[2]

15.2 层合板的断裂

问题 1

确定层合板 $[45°, -45°, 0°_2, 90°, 0°]_S$ 在受到 $N_x = 2500\text{N/mm}$ 的拉伸合成力时是否会断裂。首先，要确定每层内的应力，然后应用断裂准则，比如希尔准则。为了实现这一点，首先要确定张量 A，即层合板的刚度矩阵。然后，确定板的薄膜行为应变（这些应变在整个厚度上是均匀的，因为层合板呈镜面对称性，受的是薄膜行为载荷作用）。下一步是确定每层 (l,t) 坐标系内的应变，然后是确定每层 (l,t) 坐标系内的应力，再应用断裂准则（或确定相应的安全因子 RF，本质上是一样的）（图 8.2）。

因此，首先通过每个层的刚度矩阵 Q_{ij}^k，并计算总刚矩阵 A（确保将每层的刚度矩阵都表达在 (x,y) 坐标系中，否则不能简单地对它们直接求和）：

$$A_{ij} = \sum_{k=1}^{n} Q_{ij}^k e^k \tag{15.33}$$

由于正在处理的是薄膜行为载荷，且层合板呈现镜像对称性，因此铺层的顺序并不重要，可以在相同的方向对铺层进行重新组合：

$$\begin{cases} e_{0°} = 6e_{\text{ply}} = 1.5\text{mm} \\ e_{90°} = e_{45°} = e_{-45°} = 2e_{\text{ply}} = 0.5\text{mm} \end{cases} \tag{15.34}$$

使用坐标系 (x,y) 中的矩阵 Q_{ij}^k 后：

$$A = \begin{bmatrix} A_{11} & A_{12} & 0 \\ A_{12} & A_{22} & 0 \\ 0 & 0 & A_{66} \end{bmatrix} = \begin{bmatrix} 23.9 & 3.52 & 0 \\ 3.52 & 11.6 & 0 \\ 0 & 0 & 4.24 \end{bmatrix} \quad (10^4 \text{N/mm}) \tag{15.35}$$

式中：A_{16} 和 A_{26} 是 0，因为 +45° 处的层数与 -45° 处的层数一样多；A_{11} 高于 A_{22}，这是因为 0° 方向的层数比 90° 方向的层数多。接下来，可以确定应变：

$$\varepsilon = A_{(x,y)}^{-1} \begin{bmatrix} N_x \\ 0 \\ 0 \end{bmatrix}_{(x,y)} = \begin{bmatrix} 10929 \\ -3320 \\ 0 \end{bmatrix}_{(x,y)} \quad (\mu\varepsilon) \tag{15.36}$$

下一步是将所有这些应变放置在每层的 (l,t) 坐标系中，然后确定应力（因为现在每层都处于 (l,t) 坐标系中，刚度矩阵 Q_{ij}^k 对于所有层是一样的），因此：

(1) 对于 0° 的层，有

$$\pmb{\varepsilon}_0 = \begin{bmatrix} 10929 \\ -3320 \\ 0 \end{bmatrix}_{(l,t)} (\mu\varepsilon) \text{ 和 } \pmb{\sigma}_0 = \begin{bmatrix} 1421 \\ -0.3 \\ 0 \end{bmatrix}_{(l,t)} (\text{MPa}) \qquad (15.37)$$

（2）对于 90°的层，有

$$\pmb{\varepsilon}_0 = \begin{bmatrix} -3320 \\ 10929 \\ 0 \end{bmatrix}_{(l,t)} (\mu\varepsilon) \text{ 和 } \pmb{\sigma}_0 = \begin{bmatrix} -411 \\ 70 \\ 0 \end{bmatrix}_{(l,t)} (\text{MPa}) \qquad (15.38)$$

（3）对于 45°的层，有

$$\pmb{\varepsilon}_0 = \begin{bmatrix} 3804 \\ 3804 \\ -14250 \end{bmatrix}_{(l,t)} (\mu\varepsilon) \text{ 和 } \pmb{\sigma}_0 = \begin{bmatrix} 505 \\ 35 \\ -64 \end{bmatrix}_{(l,t)} (\text{MPa}) \qquad (15.39)$$

（4）对于 -45°的层，有

$$\pmb{\varepsilon}_0 = \begin{bmatrix} 3804 \\ 3804 \\ 14250 \end{bmatrix}_{(l,t)} (\mu\varepsilon) \text{ 和 } \pmb{\sigma}_0 = \begin{bmatrix} 505 \\ 35 \\ 64 \end{bmatrix}_{(l,t)} (\text{MPa}) \qquad (15.40)$$

接下来就可以确定每层的安全因子 RF，意味着，载荷只有乘以这个因子才可能达到断裂：

$$\text{RF}^2 \left(\left(\frac{\sigma_l}{\sigma_l^{\pm}} \right)^2 + \left(\frac{\sigma_t}{\sigma_t^{\pm}} \right)^2 - \frac{\sigma_l \sigma_t}{(\sigma_l^{\pm})^2} + \left(\frac{\tau_{lt}}{\tau_{lt}^f} \right)^2 \right) = 1 \qquad (15.41)$$

由此可得到：

（1）对于 0°的层，RF = 1.62。
（2）对于 90°的层，RF = 0.82。
（3）对于 +45°的层，RF = 1.18。
（4）对于 -45°的层，RF = 1.18。

因此，安全因子 RF 的最小值为 0.82，且层合板的断裂是在合成力为 N_x = 2500N/mm 时，对应的是沿 90°层。进一步研究可以发现，这种断裂在很大程度上被夸大了。

问题 2

根据安全因子 RF 的定义，层合板可能达到断裂的合成力为

$$N_x^t = \min(\text{RF}) N_x = 2050 \text{N/mm} \qquad (15.42)$$

更具体地，当 $N_x = N_x^t$ 时，在 90°方向层可能达到断裂。

问题 3

实际上，这种层合板断裂的合成力比上一个问题中提到的要高很多。这是因为在 90°层的断裂并不会导致层合板的完全失效，只是会在 90°层引起基体

的开裂。为了避免人们对这种基体开裂过于重视，需要对所考虑的断裂准则进行必要的修改。例如，要在希尔准则中移除由横向应力引起的部分，这与使用山田善准则基本相同：

$$\mathrm{RF}^2\left(\left(\frac{\sigma_l}{\sigma_l^\pm}\right)^2+\left(\frac{\tau_{lt}}{\tau_{lt}^f}\right)^2\right)=1 \tag{15.43}$$

然后得到：

(1) 对于0°的层，RF=1.62。
(2) 对于90°的层，RF=2.92。
(3) 对于+45°的层，RF=1.61。
(4) 对于-45°的层，RF=1.61。

因此达到断裂时的合成力为

$$N_x^t = \min(\mathrm{RF})N_x = 4025\mathrm{N/mm} \tag{15.44}$$

这个值与试验值比较接近。

这个准则的缺点是它略微高估了材料的刚度，并且没有考虑基体裂纹。一旦90°方向层出现裂纹（以及在后面会看到±45°方向裂纹），还应考虑层合板整体刚度上模量E_t的降低程度。为了这种刚度降低，可以采取逐步消除经历过基体开裂层的层中横向刚度（即使存在基体裂纹，该层依然可以继续服役，条件是有与裂纹垂直的层起到了稳定作用）。

这里，对90°方向的层，使用$E_t=0\mathrm{MPa}$。可得

$$A = \begin{bmatrix} 23.6 & 3.41 & 0 \\ 3.41 & 11.6 & 0 \\ 0 & 0 & 4.24 \end{bmatrix} \quad (10^4\mathrm{N/mm}) \tag{15.45}$$

对这一点，大家注意到，矩阵A与前一种情况相比，略有变化。这是有道理的，因为大部分刚度是由纤维提供的。

接下来，可以确定层合板中的薄膜行为应变：

$$\varepsilon = A_{(x,y)}^{-1} \begin{bmatrix} N_x \\ 0 \\ 0 \end{bmatrix}_{(x,y)} = \begin{bmatrix} 11070 \\ -3271 \\ 0 \end{bmatrix}_{(x,y)} \quad (\mu\varepsilon) \tag{15.46}$$

再就是每层的应变和应力：

(1) 对于0°方向的层，有

$$\varepsilon_0 = \begin{bmatrix} 11070 \\ -3271 \\ 0 \end{bmatrix}_{(l,t)} \quad (\mu\varepsilon) \text{ 和 } \sigma_0 = \begin{bmatrix} 1439 \\ 0.4 \\ 0 \end{bmatrix}_{(l,t)} \quad (\mathrm{MPa}) \tag{15.47}$$

(2) 对于90°方向的层，有

$$\varepsilon_0 = \begin{bmatrix} -3271 \\ 11070 \\ 0 \end{bmatrix}_{(l,t)} (\mu\varepsilon) \text{ 和 } \sigma_0 = \begin{bmatrix} -425 \\ 0 \\ 0 \end{bmatrix}_{(l,t)} (\text{MPa}) \quad (15.48)$$

（3）对于45°方向的层，有

$$\varepsilon_0 = \begin{bmatrix} 3899 \\ 3899 \\ -14341 \end{bmatrix}_{(l,t)} (\mu\varepsilon) \text{ 和 } \sigma_0 = \begin{bmatrix} 518 \\ 36 \\ -65 \end{bmatrix}_{(l,t)} (\text{MPa}) \quad (15.49)$$

（4）对于-45°方向的层，有

$$\varepsilon_0 = \begin{bmatrix} 3899 \\ 3899 \\ 14341 \end{bmatrix}_{(l,t)} (\mu\varepsilon) \text{ 和 } \sigma_0 = \begin{bmatrix} 518 \\ 36 \\ 65 \end{bmatrix}_{(l,t)} (\text{MPa}) \quad (15.50)$$

主要区别显然是90°层处的应力 σ_t 为0（因为 E_t 为0）。

因此，考虑希尔准则的安全因子RF：

（1）对于0°的层，RF=1.60。
（2）对于90°的层，RF=2.82。
（3）对于+45°的层，RF=1.16。
（4）对于-45°的层，RF=1.16。

给出达到断裂时的合成力为

$$N_x^t = \min(\text{RF}) N_x = 2900 \text{N/mm} \quad (15.51)$$

与实际相比，这仍然太低了。现在±45°处的层是在基体开裂下断裂的层，如果减小这些层中的 E_t，就可以使用希尔准则得到安全因子RF：

（1）对于0°的层，RF=1.61。
（2）对于90°的层，RF=1.61。
（3）对于+45°的层，RF=1.61。
（4）对于-45°的层，RF=2.84。

因此，得到与山田善准则相同的达到断裂时的合成力，这与试验结果保持一致：

$$N_x^t = \min(\text{RF}) N_x = 4025 \text{N/mm} \quad (15.52)$$

接下来，与原层合板的等效模量，也就是式（15.53）进行比较：

$$\begin{cases} E_x = 76.2 \text{GPa} \\ E_y = 36.9 \text{GPa} \\ \nu_{xy} = 0.3 \\ G_{xy} = 14.1 \text{GPa} \end{cases} \quad (15.53)$$

与那些在 0°和±45°时层的 E_t 模量相比，层合板的模量已经降低了：

$$\begin{cases} E_x = 74.8\text{GPa} \\ E_y = 36.1\text{GPa} \\ \nu_{xy} = 0.28 \\ G_{xy} = 13.8\text{GPa} \end{cases} \quad (15.54)$$

注意到这时的刚度很接近了，因为刚度主要是由纤维引起的。

在实践中，应该避免使用对基体开裂过于苛刻的准则，例如希尔准则，以免导致结构尺度过于笨重。可以通过逐渐降低在基体开裂时断裂层的横向弹性模量的办法，处理基体开裂问题。这种方法类似于采用不考虑基体开裂的断裂准则，例如山田善准则，但可以稍微高估层合板的整体刚度（即使在现实中，因为模量 E_t 是通过诱发基体开裂试验得到的，试验值已经包含了该部分损伤）。

问题 4

要确定压缩时下的断裂合成力，只需按照上面详述的方法，在遵循 σ_l 符号规定下，确保使用正确的应力极限值，这里给出合成力 $N_x = -2500\text{N/mm}$（山田善准则）下的安全因子：

(1) 对于 0°的层，RF = 0.84。
(2) 对于 90°的层，RF = 5.60。
(3) 对于+45°的层，RF = 1.39。
(4) 对于-45°的层，RF = 1.39。

达到断裂时的合成力为

$$N_x^c = \min(\text{RF}) N_x = -2100\text{N/mm} \quad (15.55)$$

注意，第 1 个断裂层是在 0°方向的那一层，断裂的值低于拉伸时的断裂值。这是因为，纵向压缩（-1200MPa）下的应力极限（绝对值）远低于拉伸（2300MPa）下的应力极限。压缩下的纤维断裂实际上是由纤维的屈曲（此源于环氧树脂的剪切阻力，参见第 4 章）引起的，而拉伸下的纤维断裂是由纤维的拉伸断裂引起的。这尤其说明了较新的复合材料比第一代复合材料具有更好的拉伸应力极限，而二者的压缩应力极限保持相似。

15.3 剪 切 模 量

问题 1

首先要明确剪切模量是如何定义的。想象一下，将这种材料握在手中，开始并不知道它是 45°的单向层。然后，可以通过以下方式定义其刚度矩阵 Q 和柔

度矩阵 S（柔度矩阵凸出弹性模量和剪切模量，表达方式比刚度矩阵更简单）：

$$\begin{bmatrix} \varepsilon_x \\ \varepsilon_y \\ \gamma_{xy} \end{bmatrix}_{(x,y)} = \begin{bmatrix} \dfrac{1}{E_x} & -\dfrac{\nu_{xy}}{E_x} & \dfrac{\eta_x}{E_x} \\ -\dfrac{\nu_{xy}}{E_x} & \dfrac{1}{E_y} & \dfrac{\eta_y}{E_x} \\ \dfrac{\eta_x}{E_x} & \dfrac{\eta_y}{E_y} & \dfrac{1}{G_{xy}} \end{bmatrix} \begin{bmatrix} \sigma_x \\ \sigma_y \\ \tau_{xy} \end{bmatrix}_{(x,y)} \quad (15.56)$$

接下来，可以按如下方式确定 G_{xy}：
(1) 在 (x,y) 坐标系中施加应力张量，其中只有 τ_{xy} 非 0；
(2) 确定 (l,t) 坐标系中的应力张量；
(3) 使用柔度矩阵确定 (l,t) 坐标系中的应变；
(4) 执行坐标转换以确定 (x,y) 坐标系中的应变；
(5) 将 G_{xy} 确认为连接 γ_{xy} 和 τ_{xy} 的项。

当然，也可以使用层合板薄膜行为刚度矩阵 A。可以证明，这两种方法产生的结果是相同的。对薄膜行为刚度矩阵 A 求逆，或更具体地说，其柔度矩阵 A^{-1}，可以与先前的柔度矩阵等式相关。确实得到了：

$$\begin{bmatrix} \varepsilon_{0x} \\ \varepsilon_{0y} \\ \gamma_{0xy} \end{bmatrix}_{(x,y)} = A^{-1} \begin{bmatrix} N_x \\ N_y \\ T_{xy} \end{bmatrix}_{(x,y)} \quad (15.57)$$

应变上的下标 0 表示应变在整个厚度上是均匀的，式（15.57）就是这种情况，因为层合板（在这种情况下，45°的单向层）呈镜像对称性，并且仅承受薄膜行为载荷。

现在需要将应力和合成力联系起来。在这种情况下，应力在厚度上是均匀的，只需要乘以厚度。对于实际的层合板（具有不同方向的多个层），合成力与平均应力（因此在以下等式中的下标为 0）相关：

$$\begin{cases} \sigma_{0x} = \dfrac{1}{h} N_x = \dfrac{1}{h} \sum_{k=1}^{n} \sigma_x^k e^k \\ \sigma_{0y} = \dfrac{1}{h} N_y = \dfrac{1}{h} \sum_{k=1}^{n} \sigma_y^k e^k \\ \tau_{0xy} = \dfrac{1}{h} T_{xy} = \dfrac{1}{h} \sum_{k=1}^{n} \tau_{xy}^k e^k \end{cases} \quad (15.58)$$

平均应力只是应力的平均值，因此永远不会被材料承担，尤其是将断裂准则应用于这些平均应力是没有意义的。

最后，可以确定层合板的柔度矩阵，并乘以厚度，得

$$\begin{bmatrix} \dfrac{1}{E_x} & -\dfrac{\nu_{xy}}{E_x} & \dfrac{\eta_x}{E_x} \\ -\dfrac{\nu_{xy}}{E_x} & \dfrac{1}{E_y} & \dfrac{\eta_y}{E_x} \\ \dfrac{\eta_x}{E_x} & \dfrac{\eta_y}{E_y} & \dfrac{1}{G_{xy}} \end{bmatrix} = h\boldsymbol{A}^{-1} \qquad (15.59)$$

应该从确定层合板的刚度矩阵开始：

$$\boldsymbol{A} = \sum_{k=1}^{n} \boldsymbol{Q}_{ij}^{k} e^{k} = h\boldsymbol{Q}^{45°} = h \begin{bmatrix} 39970 & 30970 & 30900 \\ 30970 & 39970 & 30900 \\ 30900 & 30900 & 33360 \end{bmatrix} \quad (\text{N/mm}) \quad (15.60)$$

式中：h 的单位要用 mm 表示，以便 $\boldsymbol{A}$ 以 N/mm 为单位。厚度 h 是未知的，可以清楚地表明剪切模量 G_{xy} 不依赖于 h。事实上，如果对矩阵 $\boldsymbol{A}$ 求逆，并将结果乘以 h，则对 h 的依赖就消失了：

$$h\boldsymbol{A}^{-1} = \begin{bmatrix} 9.20 & -1.91 & -6.76 \\ -1.91 & 9.20 & -6.76 \\ -6.76 & -6.76 & 15.5 \end{bmatrix} \times 10^5 \quad (\text{MPa}^{-1}) \qquad (15.61)$$

通过这种方式，就可以确定层合板的弹性特性（在本例中为 45°的单向层）：

$$\begin{cases} E_x = E_y = 10.9\text{GPa} \\ \nu_{xy} = 0.21 \\ G_{xy} = 6.4\text{GPa} \\ \eta_x = \eta_y = -0.73 \end{cases} \qquad (15.62)$$

显然，注意到耦合系数 η_x 和 η_y 不为 0，这意味着拉伸和剪切力之间存在耦合。

问题 2

现在用与前面相同的方法来处理织物层，得

$$\boldsymbol{A} = \sum_{k=1}^{n} \boldsymbol{Q}_{ij}^{k} e^{k} = h\boldsymbol{Q}^{45°} = h \begin{bmatrix} 32030 & 23630 & 750 \\ 23630 & 32030 & 750 \\ 750 & 750 & 25748 \end{bmatrix} \quad (\text{N/mm}) \quad (15.63)$$

然后

$$h\boldsymbol{A}^{-1} = \begin{bmatrix} 6.85 & -5.05 & -0.052 \\ -5.05 & 6.85 & -0.052 \\ -0.052 & -0.052 & 3.89 \end{bmatrix} \times 10^5 \quad (\text{MPa}^{-1}) \qquad (15.64)$$

确定层合板的弹性特性（在本例中为 45°的织物层）：

$$\begin{cases} E_x = E_y = 14.6\text{GPa} \\ \nu_{xy} = 0.74 \\ G_{xy} = 25.7\text{GPa} \\ \eta_x = \eta_y = -0.01 \end{cases} \quad (15.65)$$

式（15.65）给出的剪切模量比以前得到的剪切模量大得多（这里的剪切模量为25.7GPa，而单向层的剪切模量为6.4GPa）。切应力为+45°处的拉伸应力和−45°处的压缩应力的合成作用。为了恰当支撑这个应力，需要在+45°和−45°两个方向都铺设纤维（在+45°的单向层则不是这种情况）。

从式（15.65）还观察到耦合系数很低。如果+45°处的纤维与−45°处的纤维层数一样多，则耦合系数将为0。在这里，实际上就是这种情况。事实上，织物的两个方向都有同样多的纤维，而由于经向的刚度略高于纬向的刚度，因此在两个方向之间产生了微小的不平衡（图15.4）。

图15.4 织物层的实例（八线束染色织物层）

15.4 铺层顺序优化

问题1

为了在给定载荷情况下，确定纤维的最佳铺层顺序，按照图8.10中给出的程序。首先确定每个方向的层占比（α为0°，β为90°，γ为±45°），初始假设它们与应力合成量（合成力）成正比：

$$\begin{cases} \dfrac{\alpha}{\beta} = \left|\dfrac{N_x}{N_y}\right| \\ \dfrac{\alpha}{\gamma} = \left|\dfrac{N_x}{T_{xy}}\right| \\ \alpha+\beta+2\gamma = 1 \end{cases} \quad (15.66)$$

此外，当$T_{xy}=0$时，可以看到$\gamma=0$。但不能保证在结构的整个服役周期内，永远不会有剪切合成力，因此，在每个方向还要至少铺设包含10%的纤维占比层数（第13章），得

$$\begin{cases} \dfrac{\alpha}{\beta} = \left|\dfrac{N_x}{N_y}\right| = 1 \\ \gamma = 10\% \\ \alpha + \beta + 2\gamma = 1 \end{cases} \quad 因此 \begin{cases} \alpha = \beta = 40\% \\ \gamma = 10\% \end{cases} \tag{15.67}$$

问题 2

假设知道了层合板的厚度 h，就可以确定每个方向的层厚度：

$$\begin{cases} e_{0°} = e_{90°} = 0.4h \\ e_{+45°} = e_{-45°} = 0.1h \end{cases} \tag{15.68}$$

由此可以确定层合板的薄膜刚度，它在 h 中呈线性：

$$A = \begin{bmatrix} 64673h & 7813h & 0 \\ 7813h & 64673h & 0 \\ 0 & 0 & 10258h \end{bmatrix}_{(x,y)} \quad (\text{N/mm})(h \text{ 的单位为 mm}) \tag{15.69}$$

在这种情况下，应变沿层合板的厚度是均匀分布的：

$$\begin{cases} \varepsilon_x = -17587/h\,(\mu\varepsilon) \\ \varepsilon_y = 17587/h\,(\mu\varepsilon) \\ \gamma_{xy} = 0 \end{cases} \quad (h \text{ 的单位为 mm}) \tag{15.70}$$

因此：

（1）对于 0° 方向的层，有

$$\begin{cases} \varepsilon_l = -17587/h\,(\mu\varepsilon) \\ \varepsilon_t = 17587/h\,(\mu\varepsilon) \\ \gamma_{lt} = 0 \end{cases} \text{和} \begin{cases} \sigma_l = -2334/h\,(\text{MPa}) \\ \sigma_t = 93/h\,(\text{MPa}) \\ \tau_{lt} = 0 \end{cases} \quad (h \text{ 的单位为 mm}) \tag{15.71}$$

（2）对于 90° 方向的层，有

$$\begin{cases} \varepsilon_l = 17587/h\,(\mu\varepsilon) \\ \varepsilon_t = -17587/h\,(\mu\varepsilon) \\ \gamma_{lt} = 0 \end{cases} \text{和} \begin{cases} \sigma_l = 2334/h\,(\text{MPa}) \\ \sigma_t = -93/h\,(\text{MPa}) \\ \tau_{lt} = 0 \end{cases} \quad (h \text{ 的单位为 mm}) \tag{15.72}$$

（3）对于 45° 方向的层，有

$$\begin{cases} \varepsilon_l = 0 \\ \varepsilon_t = 0 \\ \gamma_{lt} = 35174/h\,(\mu\varepsilon) \end{cases} \text{和} \begin{cases} \sigma_l = 0 \\ \sigma_t = 0 \\ \tau_{lt} = 148/h\,(\text{MPa}) \end{cases} \quad (h \text{ 的单位为 mm}) \tag{15.73}$$

(4) 对于-45°方向的层,有

$$\begin{cases} \varepsilon_l = 0 \\ \varepsilon_t = 0 \\ \gamma_{lt} = -35174/h(\mu\varepsilon) \end{cases} \text{和} \begin{cases} \sigma_l = 0 \\ \sigma_t = 0 \\ \tau_{lt} = -148/h(\text{MPa}) \end{cases} \quad (h \text{ 的单位为 mm})$$

(15.74)

接下来将山田善断裂准则应用于每一层:

(1) 对于0°的层,$1.67/h \leqslant 1$。
(2) 对于90°的层,$1.56/h \leqslant 1$。
(3) 对于+45°的层,$1.97/h \leqslant 1$。
(4) 对于-45°的层:$1.97/h \leqslant 1$。

当然,对所有四个方向都取 h 的最大值,即

$$h \geqslant 1.97 \text{mm} \quad (15.75)$$

因此,能铺设16层,每层厚度为0.125mm。在±45°方向使用偶数层以保镜像对称性,在0°或90°处使用偶数层(两者之一可以是奇数,但不能同时是奇数),例如,得到:

(1) 6层0°,因此占比38%。
(2) 6层90°,因此占比38%。
(3) 2层45°,因此占比12%。
(4) 2层-45°,因此占比12%。

接下来,重新检查每个层中的安全因子RF。实际上,除了某些特殊情况外,并不能严格遵守每个方向上层数的确切占比(在本例中,每层占比已经非常接近准确了)。然后,给出每层的安全因子RF:

(1) 对于0°的层,RF=1.14。
(2) 对于90°的层,RF=1.22。
(3) 对于45°的层,RF=0.96。
(4) 对于-45°的层,RF=0.96。

由于出现了小于1的安全因子,因此,需要增加层数,例如,在0°方向处添加一层:

(1) 对于0°的层,RF=1.29。
(2) 对于90°的层,RF=1.24。
(3) 对于45°的层,RF=1.03。
(4) 对于-45°的层,RF=1.03。

例如,可以采用17层$[45,-45,0,90,0,90,0,90,0_{0.5}]_S$的铺层顺序(其中

0.5因子意味着对称性，有一层0°在中心)。

问题 3

为了确定屈曲极限，首先要通过以下方式确定弯曲矩阵：

$$D_{ij} = \sum_{k=1}^{n} Q_{ij}^k \frac{(z^k)^3 - (z^{k-1})^3}{3} \quad (15.76)$$

然后找到一个铺层顺序$[45,-45,0,90,0,90,0,90,0_{0.5}]_S$：

$$\mathbf{D} = \begin{bmatrix} 48407 & 14793 & 1866 \\ 14793 & 37934 & 1866 \\ 1866 & 1866 & 16747 \end{bmatrix}_{(x,y)} (\text{N}\cdot\text{mm}) \quad (15.77)$$

因此

$$\lambda = \frac{a}{b}\left(\frac{D_{22}}{D_{11}}\right)^{\frac{1}{4}} = 0.94, \text{ 而 } K = 19.9 \quad (15.78)$$

和

$$N_x^{\text{cr}} = 45\text{N/mm} \quad (15.79)$$

该值远低于沿 x 方向的合成力 -1000N/mm，这个合成力是被用来调整铺层顺序以防止失效的，这个结果是典型的。通常情况下，对受压的板，确实注意到其屈曲比压缩更敏感，而正是抗屈曲性决定了铺层顺序，尤其是铺层厚度。在当前情况下，为保持在沿 x 方向屈曲的条件下，可以对所需的厚度进行初始评估。屈曲阻力随厚度的立方而变化，因此需要的厚度表示为

$$\frac{h_{\text{屈曲}}}{h} = \left(\frac{1000}{45}\right)^{\frac{1}{3}} = 2.8 \quad (15.80)$$

取1阶近似，需要将厚度乘以2.8，以抵抗沿 x 方向的屈曲。有关更多详细信息，请参见14.8节中的问题。

在这一点上还要注意，沿 y 方向的拉伸将会限制屈曲，而分析计算变得更加精细，超出了本书的范围。有兴趣了解更多信息的读者可以参考文献 [11, 41]。

15.5 复合材料薄壁筒

1. 拉伸：$\mathbf{F} = F\mathbf{x}$，在 A 中，$F > 0$

薄壁筒在承受拉伸载荷的情况下，显然，最好将所有纤维铺设在0°方向，除非需要遵守每个方向至少有10%的纤维铺层规则。在这种情况下，为了避免其他方向出现意外载荷，将使用例如90°时占10%、+45°时占10%、-45°时占10%和0°时70%的纤维铺层顺序。实际上，仍然可以仅使用0°的层来创建

此薄壁筒，但条件是该薄壁筒有受到保护，如图 15.5 所示。例如，可以将所有纤维层置于 0°，然后用织物覆盖以保护纤维，以吸收除主要拉伸之外的载荷（例如，在制造、维护或操作过程中由坠落物体等造成的撞击）。

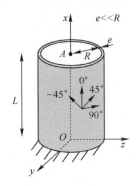

图 15.5　拉伸/压缩/扭转/弯曲下的复合材料薄壁筒

在实践中，复合材料薄壁筒通常采用纤维缠绕技术制成。用复合材料丝线（更准确地说，用一束浸渍树脂的纤维），或一小条预浸料包覆在轴上。然后需控制筒的旋转速度和丝线的运动方向以获得不同方向缠绕。可以实现不同于传统 0°、90° 和 ±45° 的铺层方向（参见 14.9 节中的问题）。缺点是实际上不可能实现 0° 方向铺层，只能采用一些最小角度方向的铺设（图 15.6）。

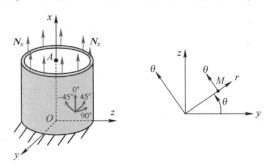

图 15.6　拉伸下的复合材料薄壁筒

一旦确定了铺层顺序，剩下要做的就是应用希尔准则来确定层合板的厚度，拉伸合成力 N_x 可以简单地确定为（将载荷除以板的长度）：

$$N_x = \frac{F}{2\pi R} \tag{15.81}$$

这个结果显然等同于最经典的拉应力计算：

$$\sigma_{0x} = \frac{F}{S} = \frac{F}{2\pi Re}, \quad N_x = \sigma_{0x}e \tag{15.82}$$

请注意，在式（15.82）中确定的是平均应力 σ_{0x}，换句话说，是各个层中应力的平均值。因此，该应力永远不会由单层承担（除非层合板是纯单向层或沿整个厚度方向材料是均质的情况，例如铝板），并且不能把它应用于断裂准则的计算。还要注意的是，拉伸合成力的公式不取决于层合板的铺层顺序，特别是不取决于其厚度。这就是使用合成力而不是应力的关键点。

2. 压缩：$F = Fx$，在 A 中，$F < 0$

在薄壁筒受压缩载荷的情况下，问题实际上与拉伸载荷相同，将主要使用 0°铺层纤维。当然，在确定断裂准则时必须使用压应力极限，薄壁筒的尺寸也要调整以期能够应对屈曲。如果是细长薄壁筒则可能造成薄壁筒的整体屈曲，如果只是细的，也可能发生局部屈曲。要调整尺寸应对整体屈曲，可以使用屈曲时欧拉临界载荷公式：

$$F_{\mathrm{cr}} = \frac{\pi^2 E I_z}{(\alpha L^2)} \tag{15.83}$$

式中：I_z 为抗弯惯性矩；E 为压缩方向上的平均弹性模量；L 为薄壁筒的长度；α 为取决于边界条件的系数，在梁两端简支的情况下，α 的值为 1。对于局部屈曲，计算稍微复杂一些[28]。

3. 扭转：$M = Mx$，在 A 中

在薄壁筒受扭转载荷的情况下，层合板将经历剪切 $T_{x\theta}$。事实上，如果用法矢量 x 的面切开层合板，则合成力将沿 θ 方向。要确定该剪切合成力，只需将所有这些箭头对轴产生的力矩进行叠加（图 15.7），表示为

$$M = (2\pi R) R T_{x\theta}, \quad 因此 \quad T_{x\theta} = \frac{M}{2\pi R^2} \tag{15.84}$$

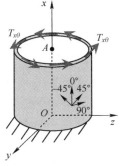

图 15.7 扭转下的复合材料薄壁管

式中：($2\pi R$)对应于圆的周长，第二个 R 对应于力臂的长度，用以计算力矩。

因此，支持这种剪切合成力的最佳铺层顺序是±45°的铺层顺序，其中50%的层位于45°，50%位于-45°。还可以将10%的层放置在0°和90°处，以承担潜在的不可预测的载荷。

为了彻底调整薄壁筒的尺寸，还应该验证薄壁筒没有发生局部屈曲（剪切是+45°的拉伸和-45°的压缩作用产生的，而-45°的压缩会导致屈曲）。计算稍微复杂一些，可以在文献［28］中找到对应的图表，或使用有限元方法计算。

4. 弯曲：$\boldsymbol{F}=F\boldsymbol{y}$，在 A 中

弯曲的情况更为复杂。这里可以证明梁的上部分对下部分的内力（采用虚拟把梁切开成两部分）分解为弯矩 M_z 和剪力 T_y：

$$\begin{cases} M_z = F(L-x) \\ T_y = F \end{cases} \quad (15.85)$$

换句话说，固定端的内力最大（$x=0$），如果梁发生断裂，一定是发生在固定端处。

弯矩将导致拉伸/压缩合成力 N_x 在 y 中呈线性关系（其合成力矩必然等于 M_z，如图15.9（a）所示）：

$$N_x = \frac{-F(L-x)}{\pi R^3} y \quad (15.86)$$

该合成力 N_x 在固定端处（$x=0$）的顶部和底部（$y=\pm R$）最大。通过材料力学知识[4]，可以表示为大家都非常熟悉的公式：

$$\sigma_x = \frac{-M_z}{I_z} y \quad (15.87)$$

式中：I_z 为二次抗弯惯性矩。在这种情况下，其值等于 $\pi R^3 e$，乘以厚度 e 以重新得到合成力。

至于剪力 T_y，则会产生剪切合成力。这种剪力经常被排除在计算之外，因为它的影响在实心轴的情况下可以忽略不计，在薄壁筒这里则不会出现。为了支持沿 y 方向的加载，理想的解决方案是产生切应力 τ_{xy}（位于法矢量 $\boldsymbol{x}$ 的面上）或剪切合成力 $\boldsymbol{T}_{xy}$（本质上是相同的）。这对位于 $y=0$ 附近的薄壁筒表面不会造成问题，因为该剪切位于板面中，但对位于 $z=0$ 附近的薄壁筒表面是不可能的，因为该剪切会产生面外切应力（图15.8）。

由于板很薄，与抵抗面内剪切能力相比，其抵抗面外剪切能力较差。因此可以看到剪切合成力 $\boldsymbol{T}_{x\theta}$ 的出现，在 $y=0$（$z=\pm R$）附近最大，而在 $z=0$（$y=$

±R) 附近为 0。总之，板只能在其面内承受载荷（图 15.8（b））。要计算合成力，可以使用 Bredt 公式[4]，该公式给出了在 A 点剪切合成力的值，该值依赖于 B 点的值：

$$t_B = t_A - \frac{T_y}{I_z}\int_A^B y\mathrm{d}S \tag{15.88}$$

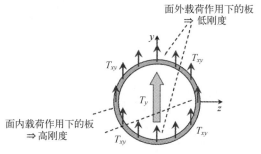

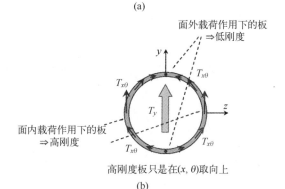

图 15.8 剪力引起的剪切
（a）如果刚度在各处相同；（b）实际情形。

这里，还可以使用对称性，表明合成力在 $y = \pm R$ 处必须为 0。因此可以证明这个剪切的合成力是关于 θ 的正弦曲线（图 15.9（b））：

$$T_{x\theta} = \frac{-F\sin\theta}{\pi R} \tag{15.89}$$

接下来，可以确定每个方向（α、β、γ）层的占比：

$$\frac{\alpha}{\beta} = \left|\frac{\max(N_x)}{\max(T_{x\theta})}\right| = \frac{L}{R}, \quad \text{而 } \gamma = 0(\text{或者 } 10\%) \tag{15.90}$$

记住，要考虑整个结构中 N_x 和 $T_{x\theta}$ 的最大值。一旦知道 L 和 R，就可以用

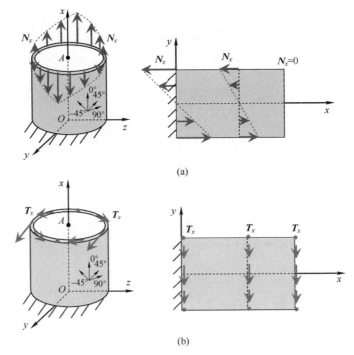

图 15.9 弯曲下的复合材料薄壁管
（a）弯矩引起的应力；（b）剪力引起的应力。

它们来确定铺层顺序。

这种方法的缺点是只考虑了合成力的最大值。实际上，如果想优化薄壁筒的重量，还要考虑每个点的合成力，以及确定每个点的铺层顺序，这显然会因点而异。在目前的情况下，层合板的厚度在固定夹具端水平处最大，而在薄壁筒的自由端则低得多。

为了完成对该薄壁筒的评估，还需要验证薄壁筒没有任何局部屈曲（剪力产生剪切和弯矩导致的压缩）。计算比以前更复杂，读者可以参考文献[28]中的图表或使用有限元方法进行计算。

5. 弯曲和扭转：$F=Fy$，$M=My$，在 A 中

这种情况只是前两个情况的总和：

$$\begin{cases} N_x = \dfrac{-F(L-x)}{\pi R^3} y \\ T_{x\theta} = \dfrac{-F\sin\theta}{\pi R} + \dfrac{M}{2\pi R^2} \end{cases} \quad (15.91)$$

因此求解的方法与前面完全相同。如果考虑整个结构中的铺层顺序是均匀

的，则

$$\frac{\alpha}{\beta} = \left|\frac{\max(N_x)}{\max(T_{x\theta})}\right| = \frac{L}{R+\dfrac{M}{2F}}, \quad 而 \gamma = 0(或者 10\%) \qquad (15.92)$$

尽管如此，在现实中，还要想象一个可扩展的铺层顺序，并要将屈曲考虑在内。

15.6 无须计算确定层中特性

考虑以下四个板（表15.1）：

表15.1 所研究四个板的铺设顺序

	板1	板2	板3	板4
第1层	0°	0°	45°	0°
第2层	90°	90°	−45°	0°
第3层	蜂窝状	90°	−45°	0°
第4层	90°	0°	45°	0°
第5层	0°	—	—	—

不需要计算，确定：

1. 具有最高抗弯刚度的板

显然是夹心板（两个表面中间夹有蜂窝），因此板1，呈现最大弯曲刚度。重申弯曲刚度随厚度的立方而变化，这种遵循厚度立方的变化出现在复合材料层合板的弯曲刚度公式中：

$$D_{ij} = \sum_{k=1}^{n} Q_{ij}^{k} \frac{(z^k)^3 - (z^{k-1})^3}{3} \qquad (15.93)$$

以及大家很熟悉的矩形截面实体梁弯曲刚度公式：

$$I_z = \frac{bh^3}{12} \qquad (15.94)$$

式中：b 为梁的宽度；h 为高度。

2. 沿 x 方向具有最大拉伸刚度的板

这是在0°方向呈现最大拉伸刚度的板，因此，板4将是沿 x 方向具有最高拉伸刚度的那个板。

3. 在平面(x,y)中具有最大剪切刚度的板

这是在±45°方向呈现层数最多的板，因此，板3将在(x,y)面中具有最大

的剪切刚度。再次重申切应力是+45°处的拉伸应力和−45°处的压缩应力的共同作用，并且应将层铺设在+45°和−45°处，以支持这种类型的应力。

4. 沿 x 和 y 方向的拉伸刚度之比

对于板 1，这个比值将等于 1。换句话说，拉伸刚度沿 x 和 y 方向相同。当执行 90°旋转时，0°和 90°层的角色只是颠倒互换了。至于蜂窝沿 x 或 y 方向的拉伸刚度非常低，对整体拉伸刚度的影响可以忽略不计（实际上，低到供应商甚至不愿意提供商品目录，并且在千帕级的范围内）。然而，蜂窝是夹在两个表面层中间，从而增加弯曲刚度。唯一有趣的蜂窝特性是其沿 z 方向的拉伸/压缩特性以及面 (x,z) 和 (y,z) 中的面外剪切特性（请参阅以下练习）。

对于板 2 和 3，该比值也将等于 1。对于板 2，推理与前一个相同，对于板 3，执行 90°旋转只是将层反转为+45°和−45°。

对于板 4，该比值将等于 E_l/E_t。沿 x 方向，拉伸刚度等于 E_l，沿 y 方向，拉伸刚度等于 E_t。

5. 沿 x 方向具有最高断裂极限的板

0°时板层数最多，因此，板 4 将是沿 x 方向具有最高断裂极限的那个板。

6. 沿 x 方向具有最高屈曲阻力的板

这是弯曲刚度最高的板，因此，板 1 将是对屈曲具有最高抵抗力的那个板。再次重申，板沿 x 方向的屈曲阻力既与弯曲刚度 D_{11}（沿 y 方向，因此与沿 x 方向的应力 σ_x 相关）有关，也与其他弯曲刚度有关 D_{22}（沿 x 方向，因此与沿 y 方向的应力 σ_y 相关联）、D_{22}、D_{12}、D_{16}、D_{26} 和 D_{66}，而板的弯曲刚度和屈曲阻力之间并没有直接的关系（第 12 章）。

15.7 弯曲夹心梁

问题 1（图 15.10）

蜂窝是一种非常轻的材料（密度通常只有十分之几千克每立方，而水的密度为 $1000 kg/m^3$，典型的碳/环氧树脂层合板密度为 $1700 kg/m^3$），用作夹心层结构的中心（一个蜂窝加上下两个表面层）。蜂窝名称来自于与蜂箱中发现的蜂窝状细胞明显相似的结构，如图 15.11 所示。

这里三个方向分别称 L 为纵向（拉伸方向），W 为宽度，T 为厚度。

主要有两种类型的蜂窝，铝片和厚度约为 0.1mm 的 Nomex® 织物制品。Nomex®最初是 DuPontdeNemours 销售的一种芳纶织物的品牌名称，该织物由浸渍在酚醛树脂中的芳纶纸制成。

在两个表面层之间插入一层蜂窝的好处显然是增加了弯曲刚度（取决于

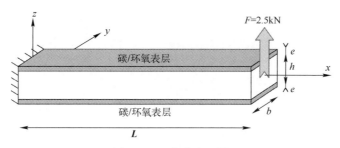

图 15.10 弯曲夹心梁

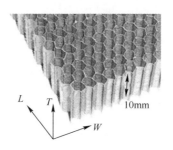

图 15.11 蜂窝 Nomex®

厚度的立方），减少了质量的增加（见问题6）。人们对蜂窝主要感兴趣的特性是其刚度、面外 z 方向的拉伸/压缩阻力，以及面 (x,z) 和 (y,z) 中的面外剪切。它的其他特性 E_x、E_y、σ_x^r、σ_y^r、G_{xy} 和 τ_{xy}^r 都很低，低到供应商甚至不愿意提供，因此分级的时候可以忽略它们。

问题 2

要确定梁的右侧部分对左侧部分的内力作用（广义上的力，包括力和力矩），只需切开并分离梁的右侧部分，并表明作用在这部分的所有力实现平衡（图 15.12）。

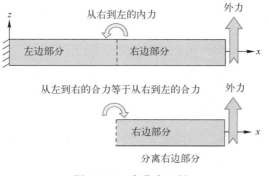

图 15.12 弯曲夹心梁

很容易看出，梁的右侧部分对梁的左侧部分的内力也是一样的（当然，从左到右的力等于从右到左的反作用力），因此弯矩和剪力（图 15.13）表示为

$$\begin{cases} T_z = F \\ M_y = -F(L-x) \end{cases} \quad (15.95)$$

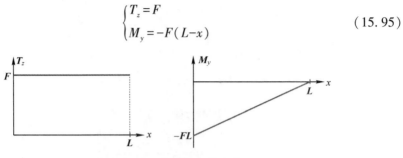

图 15.13　悬臂梁的弯曲内力

固定端的弯矩最大，如果有断裂，这应该是损伤开始的地方。

问题 3

剪力将由中间的切应力 τ_{xz}（法矢量 x 的横截面并沿 z 方向的应力）承担，而弯矩是由拉伸/压缩应力 σ_x 承担（可以证明所有拉伸/压缩应力的总和确实为 0，而矩则不为 0，见图 15.14）。在均匀固体横截面的情况下，可以证明切应力 τ_{xz} 是抛物线[4]（如图 15.14 所示，蓝色虚线表示应力 τ_{xz} 的分布，但不代表它们的方向，方向实际是沿着 z 方向）。特别是，由于边界条件（梁上方和下方的外力为 0），切应力在底部和顶部应该是 0，并且根据梁上的平衡方程可以从 σ_x 的线性形式确定切应力的抛物线形式。至于应力 σ_x，可以证明沿 z 方向是线性分布的。τ_{xz} 在梁的整个长度上（沿 x 方向）是恒定的，而 σ_x 在 x 中也是线性的（并且在固定端夹具处最大）。如果运用数学计算，就会发现在均匀横截面的情况下得到大家非熟悉经典结果：

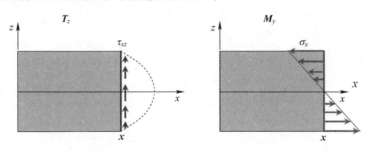

图 15.14　实心圆截面悬臂梁在弯曲作用下的应力

$$\begin{cases} \tau_{xz} = \dfrac{T_z}{I_y}\left(\left(\dfrac{h}{2}\right)^2 - z^2\right) = \dfrac{F}{I_y}\left(\dfrac{h^2}{4} - z^2\right) \\ \sigma_x = \dfrac{M_y}{I_y} z = \dfrac{-F(L-x)}{I_y} z \end{cases} \quad (15.96)$$

式中：I_y 为对 y 轴的二次弯曲惯性矩：

$$I_y = \iint_S z^2 \mathrm{d}S \quad (15.97)$$

但是请注意，这些结果在横截面不均匀的情况下都是无效的。实际上，真实的应力将呈现以下形式（图 15.15）。

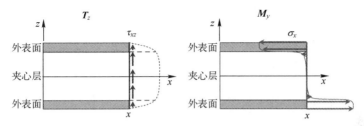

图 15.15 空心截面悬臂梁在弯曲作用下的应力

切应力 τ_{xz} 在底部和顶部依然是 0，而在整个蜂窝中实际上是恒定的（再次仔细观察图 15.15，蓝色虚线表示应力 τ_{xz} 的分布，但不是其方向，方向实际上是沿着 z 方向）。这是因为表面层的拉伸刚度远高于蜂窝的拉伸刚度（蜂窝沿 x 方向的弹性模量实际上为 0）。可以证明 τ_{xz}（或 $\partial \tau_{xz}/\partial z$）沿 z 方向的变化（绝对值）等于 σ_x（或 $\partial \sigma_x/\partial x$）沿 x 方向的变化。这来自面 (x,z) 中的平面应力状态下的平衡方程：

$$\dfrac{\partial \sigma_x}{\partial x} + \dfrac{\partial \tau_{xz}}{\partial z} = 0 \quad (15.98)$$

有关这些计算的更多详细信息，请参阅文献 [9，11]。因此，可以假设切应力在表面层中初始为 0，而在蜂窝中是恒定的。因此

$$\tau_{xz} \approx \dfrac{T_z}{S_{\text{honeycomb}}} = \dfrac{F}{bh} \quad (15.99)$$

类似地，蜂窝中沿 x 方向的拉伸刚度非常低，以致于产生的应力 σ_x 与表层中的应力相比较低。此外，由于与蜂窝相比，表面层的厚度较薄，因此可以假设 σ_x 在表层中最初是恒定的。只需表明这些应力产生的力矩等于弯矩：

$$M_y = 2 \dfrac{h+e}{2} |\sigma_x| S_{\text{skin}} \quad (15.100)$$

因此

$$\sigma_x \approx \pm \frac{M_y}{(h+e)be} = \pm \frac{F(L-x)}{(h+e)be} \tag{15.101}$$

并且 σ_x 在梁的上部为负，下部为正。

尽管如此，该结果仅适用于平均应力（或假设表面层沿厚度是均匀的）。要将这个结果推广到典型的层合板，必须直接推导出合成力，然后证明这两个合成力 N_x 产生的力矩就等于弯矩：

$$N_x \approx \pm \frac{M_y}{(h+e)b} = \pm \frac{F(L-x)}{hb} \quad 假定\ e=h \tag{15.102}$$

总之，承载最大的梁横截面将在固定端夹具处，因此得

$$\begin{cases} \tau_{xz} \approx \dfrac{F}{bh} = 0.25\text{MPa} \\[2mm] N_x \approx \pm \dfrac{FL}{bh} = \pm 500\text{N/mm} \end{cases} \tag{15.103}$$

式中：τ_{xz} 为蜂窝中的切应力；N_x 为表面层中的合成力。

问题 4

为了确定梁末端的挠度，需要对梁的挠曲线微分方程进行积分：

$$M_y = -EI_y \frac{\partial^2 w}{\partial x^2} \tag{15.104}$$

使用边界条件 w 及其对 x 的一阶导数在固定端夹具处为 0。将得到由弯矩引起的挠度 δ_M，这是大家非常熟悉的经典公式：

$$\delta_M = w(x=L) = \frac{FL^3}{3EI_y} \tag{15.105}$$

这里，该结果仅适用于具有均匀实体横截面的梁。实际上，可以证明，在使用正确的弯曲刚度 EI_y 的条件下，对于具有非实体和非均匀横截面的梁也是如此。在给出的例子中，只是询问弯曲刚度从何而来（蜂窝仅用于分离两个表面层并承担剪切力）。因此，模量 E 将是层合板沿 x 方向的平均模量，而 I_y 将是表面层对 y 轴的二次抗弯惯性矩。确切地说，要按照每个层的方向计算每个层的弯曲刚度，但由于蜂窝的厚度远大于表面层，因此使用平均模量不会对结果产生太大的影响。可以证明，使用建议的层合板，得到表面层的刚度 $E_x = 51.4\text{GPa}$，而抗弯二次惯性矩为

$$I_y = \iint\limits_{S_{\text{skin}}} z^2 \text{d}S \approx 2\left(\frac{h+e}{2}\right)^2 S_{\text{skin}} \approx \frac{h^2 be}{2} \tag{15.106}$$

因此，挠度为 $\delta_M = 259\text{mm}$。

弯曲梁的挠曲线的构成方程（近似微分方程）等价于合成力矩 M_x 和曲率 k_{0x} 之间的构成方程：

$$M_x = D_{11}k_{0x} = -D_{11}\frac{\partial^2 w_0}{\partial x^2} \tag{15.107}$$

尽管如此，仍要注意 M_x 是以 N·mm/mm 为单位的合成力矩，D_{11} 是以 N·mm 为单位的板弯曲刚度（而 EI_y 以 N·mm² 为单位）。另外，符号 M_x 表示该合成力矩是由沿 x 方向的应力 σ_x 引起的，但指向 y 方向。如果将此关系乘以板宽度 b，则可以确定长度为 b 的板的弯曲刚度 bD_{11} 与梁的弯曲刚度 EI_y。假设模量在板的整个厚度上是恒定的，那么得

$$\begin{cases} EI_y = E\iint\limits_{S_{skin}} z^2 \mathrm{d}S \approx \dfrac{Eh^2 be}{2} \\ bD_{11} = \dfrac{2bQ_{11}}{3}\left(\left(\dfrac{h}{2}+e\right)^3 - \left(\dfrac{h}{2}\right)^3\right) \approx \dfrac{Q_{11}h^2 be}{2} \end{cases} \tag{15.108}$$

可以证明在均匀各向同性材料的情况下，表示为

$$Q_{11} = \beta E = \frac{E}{1-\nu^2} \tag{15.109}$$

因此，这两个公式仅差了一个系数 β（在 $\nu=0.3$ 的经典情况下，$\beta=1.1$）。这种差异来自两个计算中使用的假设。对于梁，假设沿 y 方向的厚度很小，因此可以假设应力是平面应力（$\sigma_y=0$）状态。在板的情况下，沿 y 方向的厚度很高，假设为平面应变（$\varepsilon_y=0$）状态。在实践中，有 $b=h$，因此更接近于梁假设而不是板假设（图 15.16）。

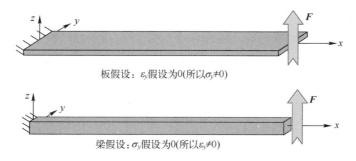

图 15.16 板假设和或梁假设

问题 5

在均匀实体横截面梁的情况下，可以证明剪力引起的挠度与弯矩产生的挠度相比可以忽略不计，因此经常被遗忘。在横截面更复杂的情况下（例如，

在薄壁梁的情况下),情况并非如此。

若假设切应力 τ_{xz} 在梁整个横截面 S 中是均匀的,如蜂窝的情况一样,则有

$$\tau_{xz} = \frac{T_z}{S} \tag{15.110}$$

然后可以通过以下方式确定切应变 γ_{xz},依然假设在梁的整个横截面中是均匀的:

$$\gamma_{xz} = \frac{\tau_{xz}}{G_{xz}} \tag{15.111}$$

由应变的定义:

$$\varepsilon = \frac{1}{2}(\mathrm{grad}u + \mathrm{grad}^t u) \tag{15.112}$$

因此,可以证明挠度沿 x 方向的导数 $w(x)$ 等于切应变[17]:

$$\gamma_{xz} = \frac{\partial w}{\partial x} \tag{15.113}$$

因此,受剪力作用的梁的剪力构成方程为

$$T_z = G_{xz} S \frac{\partial w}{\partial x} \tag{15.114}$$

由于这里剪切力是恒定的,因此由剪切力引起的挠度 δ_T:

$$\delta_T = \frac{T_z L}{G_{xz} S} = \frac{FL}{G_{xz} bh} = 10.4\mathrm{mm} \tag{15.115}$$

式中:G_{xz} 为蜂窝的剪切模量(此处为 G_{LT}),因为最初假设只有蜂窝承担剪切力。由式(15.115)中可以看到由剪切力引起的挠度仍然低于由弯矩引起的挠度(但情况并非总是如此,这取决于问题的几何形状,尤其是当表面层的厚度很薄的时候)。

问题 6

因此,总挠度值为

$$\delta = \delta_M + \delta_T = 270\mathrm{mm} \tag{15.116}$$

现在如果假设没有蜂窝,则可以忽略由剪切力引起的挠度(此为实体横截面的情况),则有

$$\delta = \frac{FL^3}{3EI_y} \tag{15.117}$$

式中:I_y 为厚度为 $2e$ 的板的抗弯惯性矩(等于连接在一起的夹心表面层厚度的 2 倍);E 为由两个表面层形成的层合板的等效模量,$E_x = 51.4\mathrm{GPa}$。这里得

到这个挠度：

$$\delta = \frac{FL^3}{3EI_y} = \frac{FL^3}{2Ebe^2} = 1950000 \text{mm} \quad (15.118)$$

大约2km。当然，这个结果毫无意义。实际上，可以证明一块2mm厚、100mm宽和2m长的板当然无法承受2.5kN的载荷，并且在达到该载荷之前板应该早早就会断裂了。为评估板的尺寸，需要研究内力最大的横截面（位于固定端夹具处），该横截面受最大弯矩的作用：

$$M_x = \frac{FL}{b} = 50000 \text{N} \quad (15.119)$$

接下来，还要确定由两个连接的表面层组成的弯曲刚度矩阵，即[0°, 45°, 90°, -45°]$_{2S}$：

$$\boldsymbol{D} = \begin{bmatrix} 43814 & 10952 & 1460 \\ 10952 & 34081 & 1460 \\ 1460 & 1460 & 12078 \end{bmatrix}_{(x,y)} \text{（N/mm）} \quad (15.120)$$

紧接着，可以确定曲率：

$$\begin{bmatrix} k_{0x} \\ k_{0y} \\ k_{0xy} \end{bmatrix} = \boldsymbol{D}^{-1} \begin{bmatrix} M_x \\ 0 \\ 0 \end{bmatrix} = \begin{bmatrix} 1.24 \\ -0.395 \\ -0.103 \end{bmatrix} \text{（mm}^{-1}\text{）} \quad (15.121)$$

然后得到应变：

$$\boldsymbol{\varepsilon}(M(x,y,z)) = \boldsymbol{\varepsilon}_0(M_0(x,y)) + z\boldsymbol{k}_0(M_0(x,y)) = z \begin{bmatrix} k_{0x}(x,y) \\ k_{0y}(x,y) \\ k_{0xy}(x,y) \end{bmatrix}_{(x,y)}$$

$$(15.122)$$

因为是薄膜行为应变，所以ε_0为0。这里得到板表面的应变：

$$\varepsilon_x = 1.24 = 1240000(\mu\varepsilon) \quad (15.123)$$

这个应变很大。真是很难确信。然后再确定板表面层0°处沿l方向的应力σ_l，发现这个应力高达166000MPa。总之，如果没有蜂窝，该梁确实无法承受2.5kN的载荷。

问题7

为了确定夹心梁是否会断裂，首先计算表面层内是否有断裂。这些表面层受到±500N/mm的合成力，处于拉伸状态（使用山田善准则）：

（1）对于0°的层，RF=1.13。

（2）对于90°的层，RF=3.61。

(3) 对于+45°的层,RF=1.27。

(4) 对于-45°的层,RF=1.27。

在压缩下:

(1) 对于0°的层,RF=1.05。

(2) 对于90°的层,RF=3.87。

(3) 对于+45°的层,RF=1.25。

(4) 对于-45°的层,RF=1.25。

因此,表面层可以承受,但很勉强(练习的数据只是为此结果而设计的)。

然后,还要通过验证切应力满足低于其切应力极限来证明蜂窝在剪切下不会断裂:

$$\tau_{xz} \approx \frac{F}{bh} = 0.25\text{MPa} < \tau_{xz}^f = \tau_{LT}^f = 1.6\text{MPa} \quad (15.124)$$

这里得到了证明。

接下来还应该验证表面层和蜂窝之间没有分层。因此,首先要验证蜂窝中的切应力是否低于表面层与蜂窝黏结处的切应力极限。实际的问题更复杂,超出了本书的范围。有兴趣了解更多相关信息的读者可以参考文献[11]。

最后,如果下部表面层受到压缩,还要验证它没有弯曲。计算很复杂,因为表面层黏在蜂窝上,压缩合力不是恒定的(沿 x 方向线性变化)。这种屈曲还倾向于在表面层和蜂窝之间的黏合处,沿 z 方向产生拉应力,这可能导致黏结处断裂。再次提醒,有兴趣了解更多的读者可以参考文献[11,27]。

15.8 层合板受压

问题1(图15.17)

唯一的合成力是沿 x 方向的压缩,应该在0°方向铺设100%的纤维。但是,如果要遵守每个方向有至少10%的最小纤维比的规则,则将在90°方向铺设10%的层数,在+45°方向铺设10%,在-45°方向铺设10%,在0°方向铺设70%,因此要确定层合板的总厚度以抵抗压缩合成力。假设知道了层合板的厚度 h,就可以确定每个方向层的厚度:

$$\begin{cases} e_{0°} = 0.7h \\ e_{90°} = e_{+45°} = e_{-45°} = 0.1h \end{cases} \quad (15.125)$$

然后确定层合板的薄膜行为刚度,这个刚度随高度 h 呈线性:

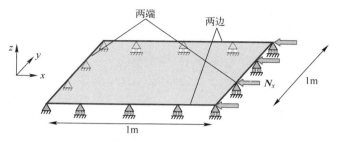

图 15.17 受压简支层合板

$$A = \begin{bmatrix} 102898h & 7813h & 0 \\ 7813h & 26449h & 0 \\ 0 & 0 & 10258h \end{bmatrix} \quad (\text{N/mm})\,(h \text{ 的单位为 mm})$$

(15.126)

在薄膜行为情况下,层合板的厚度是均匀的,因此应变为

$$\begin{cases} \varepsilon_x = -994/h\,(\mu\varepsilon) \\ \varepsilon_y = 284/h\,(\mu\varepsilon) \\ \gamma_{xy} = 0 \end{cases} \quad (h \text{ 的单位为 mm}) \qquad (15.127)$$

则:

(1) 对于 0°的层,有

$$\begin{cases} \varepsilon_l = -994/h\,(\mu\varepsilon) \\ \varepsilon_t = 294/h\,(\mu\varepsilon) \\ \gamma_{lt} = 0 \end{cases} \text{ 和 } \begin{cases} \sigma_l = -133/h\,(\text{MPa}) \\ \sigma_t = 0.3/h\,(\text{MPa}) \\ \tau_{lt} = 0 \end{cases} \quad (h \text{ 的单位为 mm})$$

(15.128)

(2) 对于 90°的层,有

$$\begin{cases} \varepsilon_l = 294/h\,(\mu\varepsilon) \\ \varepsilon_t = -994/h\,(\mu\varepsilon) \\ \gamma_{lt} = 0 \end{cases} \text{ 和 } \begin{cases} \sigma_l = 37.5/h\,(\text{MPa}) \\ \sigma_t = 6.5/h\,(\text{MPa}) \\ \tau_{lt} = 0 \end{cases} \quad (h \text{ 的单位为 mm})$$

(15.129)

(3) 对于 45°的层,有

$$\begin{cases} \varepsilon_l = -350/h\,(\mu\varepsilon) \\ \varepsilon_t = -350/h\,(\mu\varepsilon) \\ \gamma_{lt} = 1288/h\,(\mu\varepsilon) \end{cases} \text{ 和 } \begin{cases} \sigma_l = -47.7/h\,(\text{MPa}) \\ \sigma_t = -3.1/h\,(\text{MPa}) \\ \tau_{lt} = 5.4/h\,(\text{MPa}) \end{cases} \quad (h \text{ 的单位为 mm})$$

(15.130)

(4) 对于−45°的层，有

$$\begin{cases}\varepsilon_l = -350/h(\mu\varepsilon) \\ \varepsilon_t = -350/h(\mu\varepsilon) \\ \gamma_{lt} = -1288/h(\mu\varepsilon)\end{cases} \text{和} \begin{cases}\sigma_l = -47.7/h(\text{MPa}) \\ \sigma_t = -3.1/h(\text{MPa}) \\ \tau_{lt} = -5.4/h(\text{MPa})\end{cases} \quad (h \text{ 的单位为 mm})$$

(15.131)

然后，对每一层应用断裂准则，如山田善准则：

(1) 对于0°的层，$0.10/h \leqslant 1$。
(2) 对于90°的层，$0.08/h \leqslant 1$。
(3) 对于+45°的层，$0.08/h \leqslant 1$。
(4) 对于−45°的层，$0.03/h \leqslant 1$。

然后在所有四个方向上使用 h 的最大值，即

$$h \geqslant 0.1 \text{mm} \quad (15.132)$$

这个值大大小于单层的厚度。换句话说，决定尺寸的不是压缩，而是屈曲（总之，刚刚进行的计算没有任何意义）。

为了遵守10%规则，需要至少两层在±45°（以遵守镜像对称性），至少一层在90°（如果它在中心），以及至少两层在0°。设一个铺层顺序：$[45°, -45°, 0°, 90°_{0.5}]_S$，毫无疑问，这样的铺层顺序可以承受给定压缩载荷：

(1) 对于0°的层，$RF = 9.96$。
(2) 对于90°的层，$RF = 25.4$。
(3) 对于45°的层，$RF = 11.2$。
(4) 对于−45°的层，$RF = 11.2$。

然而，在下一个问题中可以看到，它并不支持屈曲。

问题 2

使用铺层顺序$[45°, -45°, 0°, 90°_{0.5}]_S$，得

$$\boldsymbol{D} = \begin{bmatrix} 21201 & 13246 & 4977 \\ 13246 & 17054 & 4977 \\ 4977 & 4977 & 14338 \end{bmatrix}_{(x,y)} \quad (\text{N/mm}) \quad (15.133)$$

因此

$$\lambda = \frac{a}{b}\left(\frac{D_{22}}{D_{11}}\right)^{\frac{1}{4}} = 0.95 \text{ 和 } K = 19.9 \quad (15.134)$$

和

$$N_x^{cr} = 1.21 \text{N/mm} \quad (15.135)$$

该值远低于−100N/mm 的合成力，板会弯曲，这个结果很经典。通常承压

板受压屈曲比板受压本身更敏感，并且其抗屈曲性决定了铺层顺序，尤其是板的厚度。

问题 3

现在可以对沿 x 方向承受屈曲所需的厚度进行初步评估，屈曲阻力随厚度的立方而增大，因此所需厚度为

$$\frac{h_{\text{flambage}}}{h} = \left(\frac{100}{1.21}\right)^{\frac{1}{3}} = 4.36 \tag{15.136}$$

因而，在第 1 阶近似时，需要将厚度乘以 4.36，以抵抗沿 x 方向的屈曲，则给出的厚度为 7.6mm，也就是练习数据中给的建议 8mm。当然，这种近似仅在使用相同的铺层顺序时才有效，即使用的铺层类型为 $[45°_n, -45°_n, 0°_n, 90°_{0.5n}]_S$。当铺层顺序在同一方向上呈现了太多的连续层时，会增大层间应力。当然应该避免这种类型的铺层顺序。

实际的问题是复杂的，因为不仅不知道所需层合板的厚度，而且也不知道每个方向的层数占比。不同于在给定合成力下的分级情况，可以假设初始每个方向上的纤维占比与该方向上的合成力成正比，这里，这些纤维占比甚至也可能是未知的。纤维需要在 0° 方向铺设，以承担 0° 方向的压缩应力导致的屈曲，这种想法是错误的。这看起来可能很奇怪，这是因为压缩屈曲会导致二维曲泡的出现，因此会波及层合板在所有方向上的弯曲刚度。此外，以 ±45° 方向铺层会干扰曲泡，因此往往会增加抗屈曲性，这里得出的结论并没有什么显著之处。在实践中，常显示 90° 的层与 ±45° 的层的铺设一样有效。

为了简化问题，开始将层合板的总厚度设为 8mm，并讨论多种铺层顺序。这里使用 ESDU80023[23] 给出的方法（表 15.2），得到以下临界屈曲合成力。

表 15.2 计算八个铺层顺序的屈曲压力、弯曲刚度和安全因子 RF（两个纯单向层铺层顺序完全是教科书案例，仅用于研究目的，不是实际的铺层顺序）

	N_x^{cr} /(N/mm)	D_{11} /(N·mm)	D_{22} /(N·mm)	RF (0°)	RF (90°)	RF (±45°)
$[0°_{32}]$（教科书情况）	68	$5.7×10^6$	$3.0×10^5$	112	—	—
$[90°_{32}]$（教科书情况）	35	$3.0×10^5$	$5.7×10^6$	—	$+\infty$	—
$[0°,90°]_{8S}$	68	$4.0×10^6$	$2.0×10^6$	59	5364	—
$[0°,45°,90°,-45°]_{4S}$	84	$3.9×10^6$	$1.3×10^6$	42	155	50
$[45°,-45°,0°,90°]_{4S}$	113	$2.1×10^6$	$1.6×10^6$	42	155	50
$[45°,-45°]_{8S}$	119	$1.7×10^6$	$1.7×10^6$	—	—	12

对于仅由 90°方向的层组成的铺层顺序，安全因子 RF 是无限大的，因为在这种情况下，只有 σ_t 不为 0，而山田善准则并不考虑基体开裂。总而言之，山田善准则仅适用于实际的铺层顺序，而不适用于纯单向层（纯单向层铺层顺序是教科书案例，仅用于比较，而不是真实世界的铺层顺序）。

最后，能够看到必须有±45°的层以支持沿 x 方向的屈曲。

问题 4

0°的层比 90°的层好，因为屈曲引起的曲泡可能由两个方向导致，一个是沿 x 方向实施的加载，另一个是实施的加载产生了比 M_y 更大的弯曲合成力矩 M_x。应该记住，即使施加的压缩合成力不会产生弯曲合成力矩，而一旦板屈曲，就会产生更大的弯矩（由屈曲产生的挠度）。但通常情况下，情况并非如此。确实可以证明，在通常用于航空的情况下（刚才讨论的板的尺寸非常大且呈方形，然而在航空中，这些板通常较小并呈矩形，且长边沿最大压缩载荷的方向），增加 90°方向的铺层比增加 0°方向的铺层更好。

对于±45°的层，它们会干扰由屈曲引起的曲泡，因此往往会增加抗屈曲性（参见问题 7 中的屈曲曲泡的形状）。这个结果永远是真实的，并广泛应用于航空领域。

问题 5

为了使该板更轻，现在从增大其弯曲刚度开始（弯曲刚度矩阵的项 D_{ij}）。为此，可以考虑增大材料的刚度，继而设计更硬的材料（这可能很困难）。或者增大材料到中性面的距离，弯曲的刚度依厚度的立方而变化。因此第二种解决方案更有效。为此，可以修改面板的形状，如通过添加加强筋，或通过添加蜂窝来制作夹心板来实现。例如，如果将 10mm 厚的蜂窝添加到表 9.2 中的第 6 个铺层顺序中，从而得到的铺层顺序为

$$[(45°,-45°)_8, 蜂窝 10mm, (-45°,45°)_8] \tag{15.137}$$

然后可得

$$D_{11}=D_{22}=16\times 10^6 \text{N/mm} \text{ 和 } N_x^{cr}=1110\text{N/mm} \tag{15.138}$$

复合材料的体积质量为 1700kg/m³，蜂窝的体积质量为 64kg/m³，这时板的质量从 13.6kg 增加到 14.2kg，而其抗屈曲阻力实际上增加了 10 倍。尽管如此，还要掌握夹心板存在的一些缺点：

（1）更难在局部加载，并且通常需要额外的添加物[27]；

（2）夹心板本身吸收湿气，蜂窝状单元往往会充满水（当飞机运行时，水会在-50°C 下冻结）；

（3）夹心板的机械加工更复杂，并且难以加工成形状复杂的板。

问题 6（图 15.18）

现在专注于带有 T 形加强筋的加筋板。

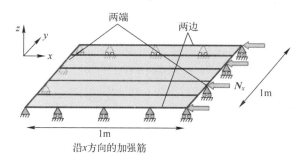

图 15.18 屈曲下的加筋板

在实践中，加强筋主要有两种形状：T 形和 Ω 形（图 15.19）。

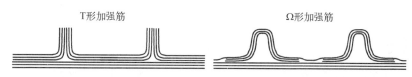

图 15.19 T 形和 Ω 形加强筋

T 形加强筋很容易制造，因为只需将它们构建成 U 形，然后将它们连接到一块平板上即可。通常再铺设最后一层复合材料以避免加强筋分层。图 15.20 是两块机身板的实际产品，是由 SanDiegoCompolite® 和 Muratec® 联合制造的，可以在网上找到更多信息。

图 15.20 带有 Ω 形加强筋的机身

问题 7

为了简化问题，将研究对象限定为 40mm 高的 T 形加强筋，它们彼此相距 200mm（图 15.21），并考虑表面层和加强筋的铺层顺序相同。

图 15.21 带有 T 形加强筋的加强板

通过保持 ±45° 类型的铺层顺序，发现以下铺层顺序能够实现保持高于 -100N/mm 的临界屈曲载荷（绝对值）：

$$[(45°,-45°)_5,45°]_S \text{ 和 } N_x^{cr}=113\text{N/mm} \quad (15.139)$$

此处，层合板需要铺设 22 层而不是 32 层，这意味着加筋板的质量为 10.8kg，而不是层合板的 13.6kg。当然，这种优化远非最佳，人们还可以采用具有不同几何形状、不同铺层顺序、层合板和加强筋中的不同厚度等来测试加强筋……

此外，进行解析计算是很困难的（即使存在如文献［23］中的方法），人们常使用有限元方法进行计算。对于所研究的工况、层合板和加筋板的第一屈曲模式如图 15.22 所示。

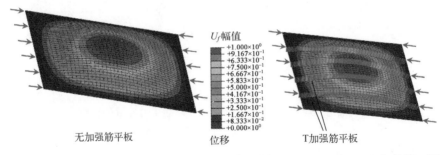

图 15.22　平板 $[45°,-45°]_{8S}$ 和带有 T 形加筋梁的板 $[(45°,-45°)_5,45°]_S$ 的第一屈曲模式（加筋面板的透视图可能具有欺骗性；面板从下向上看，曲泡背对着加强筋）

因此，通常会以单个屈曲曲泡的形式找到第一屈曲模式（根据板的形状，情况不一定如此）。与解析法得到的 $N_x^{cr}=117\text{N/mm}$ 相比，有限元计算得出层合板 $[45°,-45°]_{8S}$ 的 $N_x^{cr}=105\text{N/mm}$。主要区别来自 ESDU8023[23] 的图表，该图表假设弯曲刚度矩阵的分量 D_{16} 和 D_{26} 为 0，而事实并非如此。尽管这样，有限元法/解析法的相关性表明结果仍然是正确的，而对于 D_{16} 和 D_{26} 分量为 0（或很小）的铺层顺序甚至更好。在图 15.22 中，最大位移等于 1。可以证明，如果施加的载荷等于临界屈曲载荷，则问题的解并不是唯一的，而是在一个乘子系数范围内确定（屈曲模式是刚度矩阵的本征矢量模式）。换句话说，如果从图 15.22 中得到解，并将位移场乘以一个给定的系数，则新的位移场也将会是对应该问题的解。因此，通常的做法是任意选择最大单位位移（在这种情况下为 1mm），然后应用乘子系数以更好地确认结构变形形状（在这种情况下，使用系数 100）。实际上，如果想更详细地研究屈曲模式的扩展，则需要使用非线性计算。

还可以通过沿 y 方向添加横向加强筋对板进行优化。在航空结构情形下，通常确保达到第一个屈曲模式，即表面加筋板屈曲，沿 x 和 y 方向位于两个连续加强筋之间的板发生屈曲。对于空客 A320 型，纵向加强筋（这些加强筋沿机身轴向，也称为纵梁）之间的距离约为 200mm，圆周方向加强筋（这些加强筋沿机身轴线）之间的距离约为 600mm。因此，圆周方向或多或少是呈圆形，称为飞机框架）。大致使用这些距离，因此选择在面板中间的 y 方向上添加一个横向 T 形加强筋（这显然避免了之前板的整体屈曲）。实际上，这些横向加强筋的横截面大于纵向加强筋的横截面。在这里，对于横向加强筋选择 60mm 的铺层厚度（纵向加强筋的铺层厚度为 40mm）。显然，优化问题变得更加复杂，因为可变参数的数量变得更多，包括板的铺层顺序、纵向加强筋的铺层顺序和厚度、横向加强筋的铺层顺序和厚度（实际上，加强筋仍需优化）。对于加强筋选择保留 22 层铺层顺序 $[(45°,-45°)_5,45°]_s$，并选择用于表面层的铺层顺序，这将允许表面层加筋板产生屈曲（长 500mm、宽 200mm 的板）。使用 ±45° 的层维持铺层顺序，会导致 12 层的铺层顺序 $[45°,-45°]_{3s}$（可以证明此时安全因子 RF 始终远大于 1）。表面层加强板的优化也可以使用简化过程说明：对于长度为 500mm，宽为 200mm，合成力为 158N/mm 的板，这里该板发生了屈曲。在这种情况下，甚至还可以证明铺层 11 层就足够了。而使用有限元方法计算表明，在全尺寸面板的情况下，表面层加筋板会过早屈曲（加强筋显然不是刚度无限大，因此不会完全施加零的面外位移）。

如图 15.23 所示，使用全尺寸面板的有限元计算，屈曲时，得到 N_x^{cr} = 113N/mm，此时板质量为 7.2kg。

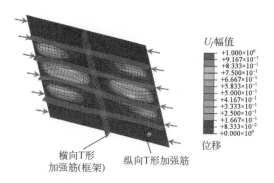

图 15.23　带有纵向和横向加强筋的加强板的屈曲

15.9 扭转/内压下的薄壁筒

问题 1（图 15.24）

扭矩将产生剪切合成力 $T_{z\theta}$。如果沿法矢量 z 的面切开层合板（截面为一圆环），则合成力将沿 θ 方向。要确定剪切合成力，只需将这些矢量箭头对圆环中心产生的力矩叠加即可（图 15.25）：

$$C = (2\pi R) R T_{z\theta}, \quad 因此 \; T_{z\theta} = \frac{C}{2\pi R^2} = 255 \text{N/mm} \qquad (15.140)$$

式中：$(2\pi R)$ 为圆的周长，第二个 R 对应用于计算力矩的力臂。

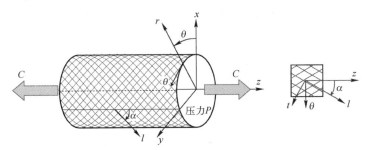

图 15.24 扭转/内压作用下的复合材料薄壁筒

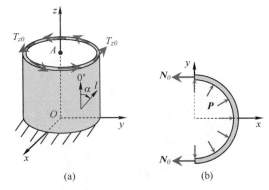

图 15.25 扭转作用的合成力（a）和内压 P 的作用（b）

至于内压力，它会引起拉伸的合成力 N_θ。当沿法向矢量为 θ 的面切开时，

该合成力指向 θ 方向。要确定这个合成力,只需显示半圆柱体在 N_θ 和内压 P 的作用下是平衡的即可。为了在半圆体上对压力 P 积分,重要的是考虑 P 的方向,这个方向依赖于所考虑点的不同而不同。因此,要么考虑 P 沿 x 方向的投影进行积分(这将突出显示在 $-\pi/2$ 和 $\pi/2$ 之间变化的角度 θ),或者可以用内压力 P 乘以投影面积给出这个方向的合成力。计算并未突出显示沿 z 方向的长度,换句话说,只是对应一个单位长度(以 N/mm 为单位)。这里给出:

$$2N_\theta = 2RP, \quad \text{因此 } N_\theta = PR = 500\text{N/mm} \tag{15.141}$$

问题 2

这里,可以确定每个方向(α、β、γ)层的占比:

$$\frac{\beta}{\gamma} = \left|\frac{N_\theta}{T_{z\theta}}\right| = 1.96, \quad \text{而 } \alpha = 0 \tag{15.142}$$

为了简化问题,暂时忽略 10% 的铺层规则。如果考虑层比的总和依然是 100%,并考虑 γ 在 +45° 和 −45° 有相同的占比($\alpha+\beta+2\gamma=1$),则

$$\begin{cases} \alpha = 0 \\ \beta = 50\% \\ \gamma = 25\% \end{cases} \tag{15.143}$$

接下来,可以再次使用在 14.8 节中的问题建议实施的程序,或者简单地测试一些层数。这里看到沿 ±45° 方向的两层和 90° 的四层就足够了(使用山田善准则):

(1) 对于 90° 的 4 层,RF = 1.06。
(2) 对于 45° 的 2 层,RF = 1.08。
(3) 对于 −45° 的 2 层,RF = 1.21。

现以式(15.144)铺层顺序为例:

$$[45°, 90°, -45°, 90°]_s, \quad \text{厚度 1mm} \tag{15.144}$$

这样的铺层保持了镜像对称性,避免了在同一方向出现过多的连续层。

问题 3

该薄壁筒由纤维缠绕制成,这样可以在任何给定方向轻松构建铺层顺序。尽管如此,为了避免拉伸/剪切耦合,将在 $+\alpha$ 方向使用与在 $-\alpha$ 方向相同的层数(可以证明在这种情况下,A_{16} 和 A_{26} 为 0)。α 层的计算方法类似于 0°、90° 或 ±45° 的经典层的计算方法,除了刚度矩阵 Q 的形式以外,这个计算当然更复杂(参见第 3 章)。接下来,可以改变角度 α 并确定层数,最终使得安全因子 RF 的值要大于 1。由于沿 z 方向没有载荷,所以可在 45° 和 90° 之间简单地调整这个角度(0° 和 45° 之间的解决方案也远没有令人感兴趣,是一样的)。把 α 方向(因此也在 $-\alpha$ 处)的层数用 n 表示,数据如表 15.3 所列。

表 15.3　在扭转/内压下计算薄壁筒的铺设顺序

α	45°	50°	55°	60°	65°	70°	75°	80°	85°	90°
n	14	12	9	7	6	5	6	8	12	14
RF	1.03	1.07	1.01	1.04	1.13	1.05	1.12	1.07	1.07	1.02

因此，最好的解决方案是分别在 70°和-70°方向铺设 5 层。这样就得到了以下类型的最佳铺层顺序：

$$[70°,-70°]_s, \quad 厚度 1.25mm \qquad (15.145)$$

因此，即使是最佳铺层顺序也比传统的 0°、±45°和 90°（10 层对 8 层）的铺层顺序差。总之，在+α 和-α 方向铺层比在 0°、±45°和 90°方向铺设尽可能多的层的随意性应当受到限制。但这个结论并不总是正确的。

此外，实际上，纤维缠绕方式允许在任意方向进行铺层。最后，与在±45°和 90°处铺层相比，使用纤维缠绕方式使得在±α 方向铺层更简单。

15.10　用应变断裂准则实现纤维优化

15.10.1　第 1 部分：引言

问题 1（图 15.26）

在这里，使用平衡的织物，意味着沿 l 和 t 方向的纤维体积占比相同。因此，大约 25%（总体积的）是 l 方向的纤维，25%是 t 方向的纤维，50%的是纤维树脂。实际上，即使织物是平衡的，其特性沿 l 和 t 方向也略有不同。观察到经向（在编织过程中受到拉伸的方向）比纬向（通常超过 10%~20%）更硬，更具抵抗力。这是因为经纱比纬纱摆动得少，经纱在编织过程中需要被拉伸。本练习中，为了简化计算，假设 l 和 t 方向的特性相同，而且使用应变准则使得计算更加简单。

0°层的柔度矩阵简单地表示为（在 (x,y) 和 (l,t) 坐标系中）

$$S_{0°} = \begin{bmatrix} \dfrac{1}{E} & \dfrac{-\nu}{E} & 0 \\ \dfrac{-\nu}{E} & \dfrac{1}{E} & 0 \\ 0 & 0 & \dfrac{1}{G} \end{bmatrix}_{(l,t)} \qquad (15.146)$$

问题 2

0°层的刚度矩阵表示为（在 (x,y) 和 (l,t) 坐标系中）

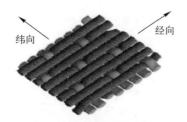

图 15.26　八线束染色织物层

$$\boldsymbol{Q}_{0°} = \begin{bmatrix} \dfrac{E}{1-\nu^2} & \dfrac{E\nu}{1-\nu^2} & 0 \\ \dfrac{E\nu}{1-\nu^2} & \dfrac{E}{1-\nu^2} & 0 \\ 0 & 0 & G \end{bmatrix}_{(l,t)} \tag{15.147}$$

问题 3

45°方向层的柔度矩阵表示为

$$\boldsymbol{S}_{45°} = \begin{bmatrix} \dfrac{1}{2}\left(\dfrac{1-\nu}{E}+\dfrac{1}{2G}\right) & \dfrac{1}{2}\left(\dfrac{1-\nu}{E}-\dfrac{1}{2G}\right) & 0 \\ \dfrac{1}{2}\left(\dfrac{1-\nu}{E}-\dfrac{1}{2G}\right) & \dfrac{1}{2}\left(\dfrac{1-\nu}{E}+\dfrac{1}{2G}\right) & 0 \\ 0 & 0 & \dfrac{2(1+\nu)}{G} \end{bmatrix}_{(x,y)} \tag{15.148}$$

S_{16} 和 S_{26}（如 Q_{16} 和 Q_{26}）为 0，因为+45°方向的纤维数与-45°方向的纤维数相同，并且假设沿 l 方向的本构行为与沿 t 方向的本构行为相同。

问题 4

45°方向层的刚度矩阵为

$$\boldsymbol{Q}_{45°} = \begin{bmatrix} \dfrac{E}{2(1-\nu)}+G & \dfrac{E}{2(1-\nu)}-G & 0 \\ \dfrac{E}{2(1-\nu)}-G & \dfrac{E}{2(1-\nu)}+G & 0 \\ 0 & 0 & \dfrac{E}{2(1+\nu)} \end{bmatrix}_{(x,y)} \tag{15.149}$$

当然，45°层的 Q_{66} 项远大于 0°层的 Q_{66} 项。可以看到，45°方向层的刚度

与模量 E 相关,而 $0°$ 方向层的刚度与 G 相关。这是因为 $45°$ 方向织物层铺有 $+45°$ 方向的纤维,并且在 $-45°$ 时,允许其承担由剪切引起的应力($+45°$ 方向的拉伸和 $-45°$ 方向的压缩合成作用产生切应力)。

15.10.2 第 2 部分:准各向同性铺层顺序

问题 5

为了确定由 $0°$ 和 $45°$ 两层织物组成的层合板沿 x 方向的弹性模量,首先要确定该层合板的刚度矩阵:

$$\boldsymbol{A} = \sum_{k=1}^{n} Q^k e^k = \begin{bmatrix} 82651 & 24566 & 0 \\ 24566 & 82651 & 0 \\ 0 & 0 & 28043 \end{bmatrix}_{(x,y)} \quad (\text{N/mm}) \quad (15.150)$$

对这个刚度矩阵求逆,得到层合板的柔度矩阵为

$$\boldsymbol{A}^{-1} = \begin{bmatrix} 1.33 \times 10^5 & -3.94 \times 10^5 & 0 \\ -3.94 \times 10^5 & 1.33 \times 10^5 & 0 \\ 0 & 0 & 3.44 \times 10^5 \end{bmatrix}_{(x,y)} \quad (\text{mm/N}) \quad (15.151)$$

然后,将该矩阵与均质材料的柔度矩阵列等式关联(不要忘记厚度 h)(参见 14.3 节中的问题):

$$\begin{bmatrix} \dfrac{1}{E_x} & -\dfrac{\nu_{xy}}{E_x} & \dfrac{\eta_x}{E_x} \\ -\dfrac{\nu_{xy}}{E_x} & \dfrac{1}{E_y} & \dfrac{\eta_y}{E_y} \\ \dfrac{\eta_x}{E_x} & \dfrac{\eta_y}{E_y} & \dfrac{1}{G_{xy}} \end{bmatrix}_{(x,y)} = h\boldsymbol{A}^{-1} \quad (15.152)$$

因此

$$\begin{cases} E_x = E_y = 37.7 \text{GPa} \\ \nu_{xy} = 0.3 \\ G_{xy} = 14.5 \text{GPa} \\ \eta_x = \eta_y = 0 \end{cases} \quad (15.153)$$

问题 6

该材料是准各向同性的,因为在 $0°$、$90°$、$+45°$ 和 $-45°$ 方向具相同数量的纤维(并且织物沿 l 方向的本构行为与沿 t 方向的本构行为相同)。因此,模量在所有方向上都相同(第 6 章)。于是得

$$\forall \theta : E_u = E_x \quad (15.154)$$

问题 7

确定极限切应力 τ_{xy}^0，只需设一个切应力 τ_{xy}^0，然后确定每层的安全因子 RF。根据安全因子 RF（需乘以载荷达到断裂）的定义，极限切应力将是安全因子 RF 乘以所选应力 τ_{xy}^0 的最小值。

这里重申 τ_{xy}^0 是平均剪应力，即

$$\tau_{xy}^0 = \frac{N_{xy}}{e} \tag{15.155}$$

式中：e 为层合板的厚度（此处为 2mm）。这种平均应力的缺点是没有真实的层来承受这个应力（因此，将此特殊应力用于断裂准则是没有意义的）。

假设平均切应力为 100MPa，则

$$\tau_{xy}^0 = 100\text{MPa}, \quad \text{因此 } N_x = 200\text{N/mm} \tag{15.156}$$

然后可以确定薄膜行为应变：

$$\boldsymbol{\varepsilon}^0 = \boldsymbol{A}^{-1} \begin{bmatrix} N_x \\ N_y \\ T_{xy} \end{bmatrix} = \boldsymbol{A}^{-1} \begin{bmatrix} 0 \\ 0 \\ 200 \end{bmatrix} = \begin{bmatrix} 0 \\ 0 \\ 6886 \end{bmatrix}_{(x,y)} (\mu\varepsilon) \tag{15.157}$$

接下来是每层的应变：

$$\begin{cases} \boldsymbol{\varepsilon}_{0°} = \begin{bmatrix} 0 \\ 0 \\ 6886 \end{bmatrix}_{(l,t)} (\mu\varepsilon) \\ \boldsymbol{\varepsilon}_{45°} = \begin{bmatrix} 3443 \\ -3443 \\ 0 \end{bmatrix}_{(l,t)} (\mu\varepsilon) \end{cases} \tag{15.158}$$

剩下要做的就是使用应变准则确定安全因子 RF 并取方向 l 和 t 之间的安全因子 RF 的最小值：

$$\begin{cases} 若 \varepsilon_l \geq 0: \text{RF}_l = \frac{\varepsilon_l}{\varepsilon_l^t} \\ 若 \varepsilon_l \leq 0: \text{RF}_l = \frac{\varepsilon_l}{\varepsilon_l^c} \\ 若 \varepsilon_t \geq 0: \text{RF}_t = \frac{\varepsilon_t}{\varepsilon_t^t} \\ 若 \varepsilon_t \leq 0: \text{RF}_t = \frac{\varepsilon_t}{\varepsilon_t^c} \end{cases} \tag{15.159}$$

因此：

（1） 对于 0° 的层，RF = +∞。

（2） 对于 45° 的层，RF = 1.89。

在 0° 的层中，沿 l 和 t 方向的应变为 0，得到的安全因子 RF 为无穷大。这是由于使用的准则并不考虑切应变，而仅考虑纤维方向上的应变。实际上，只有当至少有一层 0° 和一层 45° 时，这个准则才有意义。在当前情况下，无限大的安全因子 RF 意味着只有 45° 的层承担载荷（这仅在初始近似时才成立）。

因此，选择的切应力极限是 100MPa，再乘以安全因子 RF 的最小值 1.89；因此达到断裂时，有

$$\tau_{xy}^0 = 189\mathrm{MPa} \qquad (15.160)$$

问题 8

为了确定在给定应力时的安全因子 RF，使用相同的方法：

$$\boldsymbol{\varepsilon}^0 = \boldsymbol{A}^{-1} \begin{bmatrix} N_x \\ N_y \\ T_{xy} \end{bmatrix} = \boldsymbol{A}^{-1} \begin{bmatrix} -1500 \\ 0 \\ 600 \end{bmatrix} = \begin{bmatrix} -19907 \\ 5917 \\ 20659 \end{bmatrix}_{(x,y)} (\mu\varepsilon) \qquad (15.161)$$

然后是每层中的应变：

$$\begin{cases} \boldsymbol{\varepsilon}_{0°} = \begin{bmatrix} -19907 \\ 5917 \\ 20659 \end{bmatrix}_{(l,t)} (\mu\varepsilon) \\ \boldsymbol{\varepsilon}_{45°} = \begin{bmatrix} 3443 \\ -17235 \\ 25824 \end{bmatrix}_{(l,t)} (\mu\varepsilon) \end{cases} \qquad (15.162)$$

因此：

（1） 对于 0° 的层，RF = 0.33。

（2） 对于 45° 的层，RF = 0.38。

建议的铺层顺序无法承担相应的载荷。

问题 9

为了确定能够承受这种载荷的铺层顺序，只需注意安全因子 RF 是线性的，具体取决于板的厚度。但这仅在薄膜行为载荷下是正确的，而在弯曲行为载荷下则不成立。换句话说，当层合板的厚度乘以 2 时，也要将安全因子 RF 除以 2（如果考虑铺层顺序保持不变，并且层厚是两倍）。因此，这里只需将铺层顺序扩大 3 倍，并加上额外一点东西，例如在 0° 处增加一层，将此铺层顺序表达为

$$[45°, 0°, 45°, 0°, 45°, 0°_{1.5}]_S, \quad \text{厚度 } 6.5\text{mm} \quad (15.163)$$

此外，还要避免在表面层沿 0°方向铺设，因为这些层可能承受最大的载荷（$N_x = -1500\text{N/mm}$）。在这个铺层顺序下重新计算，最终得到：

(1) 对于 0°的层，RF=1.10。

(2) 对于 45°的层，RF=1.18。

15.10.3 第 3 部分：铺层顺序优化

问题 10

首先假设每个方向的纤维占比与相应的合成力成正比（在这种情况下，不可能在 0°方向铺设纤维而在 90°方向没有铺设任何纤维）：

$$\frac{\alpha}{\gamma} = \left| \frac{N_x}{T_{xy}} \right| = 2.5 \quad (15.164)$$

如果考虑这些占比的总和为 100%，则原因显而易见（$\alpha + \gamma = 1$），那么

$$\begin{cases} \alpha = 71\% \\ \gamma = 29\% \end{cases} \quad (15.165)$$

现将层合板的厚度用 h 表示，得

$$A = \begin{bmatrix} 45828h & 7780h & 0 \\ 7780h & 45828h & 0 \\ 0 & 0 & 10018h \end{bmatrix}_{(x,y)} \quad (\text{N/mm})(h \text{ 的单位为 mm})$$
$$(15.166)$$

因此在这种情况下，沿层合板整个厚度上应变是均匀的：

$$\begin{cases} \varepsilon_x = -33702/h(\mu\varepsilon) \\ \varepsilon_y = 5721/h(\mu\varepsilon) \\ \gamma_{xy} = 59890/h(\mu\varepsilon) \end{cases} \quad (h \text{ 的单位为 mm}) \quad (15.167)$$

因此：

(1) 对于 0°的层，有

$$\begin{cases} \varepsilon_l = -33702/h(\mu\varepsilon) \\ \varepsilon_t = 5721/h(\mu\varepsilon) \\ \gamma_{lt} = 59890/h(\mu\varepsilon) \end{cases} \quad (h \text{ 的单位为 mm}) \quad (15.168)$$

(2) 对于 +45°的层，有

$$\begin{cases} \varepsilon_l = 15955/h(\mu\varepsilon) \\ \varepsilon_t = -43935/h(\mu\varepsilon) \\ \gamma_{lt} = 39423/h(\mu\varepsilon) \end{cases} \quad (h \text{ 的单位为 mm}) \quad (15.169)$$

然后在每个层中应用应变准则：
(1) 对于 0°的层，$h \geqslant 5.18\text{mm}$。
(2) 对于+45°的层，$h \geqslant 6.76\text{mm}$。

当然，取所有四个方向选择 h 的最大值，即

$$h \geqslant 6.76\text{mm} \tag{15.170}$$

因此：
(1) 对于 0°的层，$e_{0°} \geqslant \alpha h = 4.8\text{mm}$。
(2) 对于+45°的层，$e_{45°} \geqslant \gamma h = 2.0\text{mm}$。

例如，对于：

$$[45°, 0°_3, 45°, 0°_2]_S \quad 厚度 7\text{mm} \tag{15.171}$$

通过对这个铺层顺序再进行相同的计算，得到以下结果：
(1) 对于 0°的层，$RF = 1.35$。
(2) 对于 45°的层，$RF = 1.03$。

这里得到了一个比上一个更"厚重"的解（7mm 对 6.5mm）。这是因为所提出的方法适用于具有 0°、90°和±45°层的铺层顺序。而在这种情况下，不可能在 0°处有纤维而在 90°处没有纤维。换句话说，当在 0°放置一层以支撑 x 方向的载荷时，90°的纤维则不再起作用。

15.10.4 第 4 部分：弯曲下的铺层顺序优化

问题 11

考虑由两层 0°和六层 45°构成的铺层顺序。通常情况下，会选择以下类型的铺层顺序：

$$[45°_2, 0°, 45°]_S, \quad 厚度 4\text{mm} \tag{15.172}$$

这种类型的铺层顺序避免了在同一方向上有太多连续的层，并避免在表面上有 0°的层，即承担载荷的层。

在当前情况下，如果想承担合成力矩 M_x，最好将层铺设在表面的 0°处以承担这个力矩，即

$$[0°, 45°_3]_S \tag{15.173}$$

然而，在实践中，这种铺层顺序是被禁止的，因为禁止将承担载荷的层（在这种情况下为 0°）放置在表面层，而总是倾向于在表面上放置±45°的层以增加屈曲阻力。此外，还不能在同一方向上有六个连续的层来约束层间应力，从而限制分层。因此，将保持之前的铺层顺序选项：

$$[45°_2, 0°, 45°]_S \tag{15.174}$$

要确定断裂的合成力矩 M_x^f，只需假设任何给定的合成力矩 M_x，例如，M_x

=100N，然后计算每层的安全因子 RF。但在弯曲载荷的情况下，安全因子 RF 在整个厚度上呈线性变化。因此，安全因子在每层（或同一方向的每组连续层）的顶部或底部最大/最小。然后，根据安全因子 RF 的定义（需乘以载荷以达到断裂），断裂合成力矩将是 RF 乘以所选合成力矩 M_x 的最小值。

因此，首先确定弯曲下的刚度矩阵：

$$\boldsymbol{D} = \begin{bmatrix} 175730 & 110180 & 0 \\ 110180 & 175730 & 0 \\ 0 & 0 & 122120 \end{bmatrix}_{(x,y)} \quad (\text{N·mm}) \tag{15.175}$$

然后确定曲率：

$$\begin{bmatrix} k_{0x} \\ k_{0y} \\ k_{0xy} \end{bmatrix} = \boldsymbol{D}^{-1} \begin{bmatrix} M_x \\ 0 \\ 0 \end{bmatrix} = \begin{bmatrix} 9.38 \times 10^{-4} \\ -5.88 \times 10^{-4} \\ 0 \end{bmatrix}_{(x,y)} \quad (\text{mm}^{-1}) \tag{15.176}$$

以及由式（15.177）得到的应变：

$$\boldsymbol{\varepsilon}(M(x,y,z)) = \boldsymbol{\varepsilon}_0(M_0(x,y)) + z\boldsymbol{k}_0(M_0(x,y)) = z \begin{bmatrix} k_{0x}(x,y) \\ k_{0y}(x,y) \\ k_{0xy}(x,y) \end{bmatrix}_{(x,y)} \tag{15.177}$$

这里得到了沿厚度分布的线性应变场，如图 15.27 所示，在中心为 0，主要由应变 ε_x 组成。

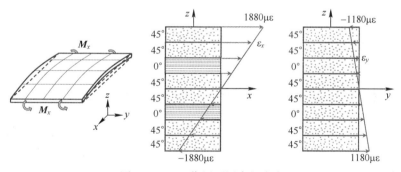

图 15.27 M_x 作用下层合板应变

在 0°的上层顶部、0°的下层底部、45°的上表面层顶部和下表面层的底部安全因子 RF 达到最小/最大（对于 45°的层，当然必须事先确定 (l,t) 坐标系中的应变）：

（1）在 45°的上层顶部，RF = 18.6。

（2）在 0°的上层顶部，RF = 6.93。

（3）在下层 0°的底部，RF = 8.53。

(4) 在下层 45°的底部，RF = 22.8。
因此

$$M_x^f = \text{RF}_{\min} M_x = 693\text{N} \tag{15.178}$$

15.11　开孔拉伸试验

问题 1（图 15.28）

在无孔时，只需假设沿 x 方向的合成力，例如 $N_x = 100\text{N/mm}$，然后计算每层内的安全因子 RF。再根据安全因子 RF（需乘以载荷以达到断裂）的定义，断裂合成力将是 RF 乘以所选合成力 N_x 的最小值。

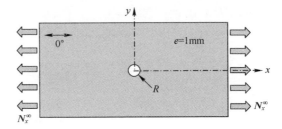

图 15.28　带孔板受拉伸作用

首先确定层合板的薄膜行为刚度矩阵：

$$\boldsymbol{A} = \sum_{k=1}^{n} \boldsymbol{Q}^k e^k = \begin{bmatrix} 126395 & 40272 & 0 \\ 40272 & 126395 & 0 \\ 0 & 0 & 43062 \end{bmatrix}_{(x,y)} (\text{N/mm}) \tag{15.179}$$

然后确定薄膜行为应变：

$$\boldsymbol{\varepsilon}^0 = \boldsymbol{A}^{-1} \begin{bmatrix} N_x \\ N_y \\ T_{xy} \end{bmatrix} = \boldsymbol{A}^{-1} \begin{bmatrix} 100 \\ 0 \\ 0 \end{bmatrix} = \begin{bmatrix} 881 \\ -281 \\ 0 \end{bmatrix}_{(x,y)} (\mu\varepsilon) \tag{15.180}$$

接下来是每层的应变：

$$\begin{cases} \boldsymbol{\varepsilon}_{0°} = \begin{bmatrix} 881 \\ -281 \\ 0 \end{bmatrix}_{(l,t)} (\mu\varepsilon) \\ \boldsymbol{\varepsilon}_{45°} = \begin{bmatrix} 300 \\ 300 \\ -1161 \end{bmatrix}_{(l,t)} (\mu\varepsilon) \end{cases} \tag{15.181}$$

剩下要做的就是使用应变准则并使用方向 l 和 t 之间的安全因子 RF 的最小值确定安全因子 RF：

$$\begin{cases} 若\ \varepsilon_l \geqslant 0: \mathrm{RF}_l = \dfrac{\varepsilon_l}{\varepsilon_l^t} \\[6pt] 若\ \varepsilon_l \leqslant 0: \mathrm{RF}_l = \dfrac{\varepsilon_l}{\varepsilon_l^c} \\[6pt] 若\ \varepsilon_t \geqslant 0: \mathrm{RF}_t = \dfrac{\varepsilon_t}{\varepsilon_t^t} \\[6pt] 若\ \varepsilon_t \leqslant 0: \mathrm{RF}_t = \dfrac{\varepsilon_t}{\varepsilon_t^c} \end{cases} \qquad (15.182)$$

因此：
（1）对于 0°的层，RF = 20.4。
（2）对于 45°的层，RF = 60.0。
因此，在没有孔的情况下，断裂合成力为

$$N_x^{\mathrm{plain}} = \min(\mathrm{RF}) N_x = 2040 \mathrm{N/mm} \qquad (15.183)$$

问题 2

为了确定织物层合板的等效模量，首先要确定层合板的刚度矩阵 $\boldsymbol{A}$，将其求逆确定层合板的柔度矩阵，然后将柔度矩阵与均质材料的柔度矩阵等效关联（不要忘记厚度 h）（参见 14.3 节的问题）：

$$\begin{bmatrix} \dfrac{1}{E_x} & -\dfrac{\nu_{xy}}{E_x} & \dfrac{\eta_x}{E_x} \\[8pt] -\dfrac{\nu_{xy}}{E_x} & \dfrac{1}{E_y} & \dfrac{\eta_y}{E_y} \\[8pt] \dfrac{\eta_x}{E_x} & \dfrac{\eta_y}{E_y} & \dfrac{1}{G_{xy}} \end{bmatrix}_{(x,y)} = h\boldsymbol{A}^{-1} \qquad (15.184)$$

因此

$$\begin{cases} E_x = E_y = 56.8 \mathrm{GPa} \\ \nu_{xy} = 0.32 \\ G_{xy} = 21.5 \mathrm{GPa} \\ \eta_x = \eta_y = 0 \end{cases} \qquad (15.185)$$

问题 3

孔边合成力集中比（即孔边得到的最大合成力与远场合成力之比）为

$$K_T^\infty = \frac{N_x^{\max}}{N_x^\infty} = 1 + \sqrt{2\left(\sqrt{\frac{E_x}{E_y}} - \nu_{xy}\right) + \frac{E_x}{G_{xy}}} = 3.0 \qquad (15.186)$$

假设断裂发生在合成力最大的地方，即在孔边缘（在这种情况下问题并不是那么简单，在接下来的问题中看到），存在孔时的断裂合成力表示为 N_x^{hole}，因此得

$$N_x^{\text{hole}} = \frac{N_x^{\text{plain}}}{K_T^\infty} = 680 \text{N/mm} \qquad (15.187)$$

当然，这个结果并不取决于孔的大小，就像孔边缘的合成力集中比一样。现实中，可以证明事实并非如此。因为孔越小，复合材料孔边损伤程度越大（与孔的尺度成比例），反而这个孔产生的问题越少。

问题 4

通过前面的计算，可以确定孔边缘的应力，而计算的实施仅适用于材料为线弹性，且板变形后仍为板的情况。在孔边缘，材料会有损伤，因此，不仅材料的本构行为不再是线弹性的，而且之前提到的层合板理论也不再有效（特别是孔边缘的损伤会导致小的分层，层合板的层间不再完美黏合在一起，并且通过薄膜行为加载，其应变沿厚度均匀分布模型不再正确）。由于损伤区域的大小在初始近似时是恒定的，取决于孔的大小（如果孔尺寸小，损伤区域的尺寸会成比例地变大），因此小孔的危险性低于大孔。用"点应力"理论对这种影响给出解释，如图 15.29 所示，假设应力的计算仅在距孔有一定距离时才是正确的。

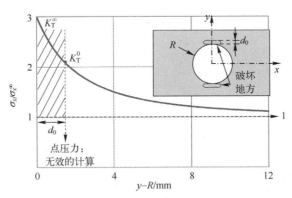

图 15.29 "点应力"原理

因此，首先确定三个孔半径在孔边缘的合成力集中比（图 15.30）：

$$\begin{cases} R_{10} = 10\text{mm} \Rightarrow K_{\text{T10}}^{\infty} = \dfrac{N_x^{\text{plain}}}{N_{x10}} = 2.24 \\ R_6 = 6\text{mm} \Rightarrow K_{\text{T6}}^{\infty} = \dfrac{N_x^{\text{plain}}}{N_{x6}} = 1.94 \\ R_1 = 1\text{mm} \Rightarrow K_{\text{T1}}^{\infty} = \dfrac{N_x^{\text{plain}}}{N_{x1}} = 1.16 \end{cases} \qquad (15.188)$$

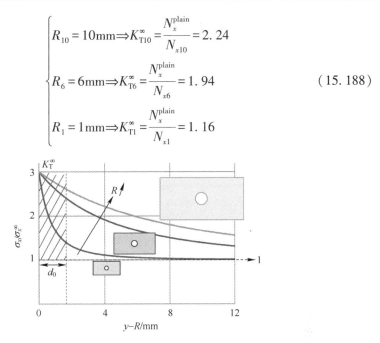

图 15.30 应用"点应力"理论来解释带孔板在拉伸作用下的孔尺寸效应

用这个理论来评估从哪个 α 值（α 为有孔应力极限与无孔应力极限之比）得到的这个集中比，以及相应的距离 d_0：

$$\begin{cases} R_{10}: K_{\text{T10}}^{\infty} = 2.24 \\ R_6: K_{\text{T6}}^{\infty} = 1.94 \\ R_1: K_{\text{T1}}^{\infty} = 1.16 \end{cases} \Rightarrow \begin{cases} \alpha_{10} = 0.19 \\ \alpha_6 = 0.29 \\ \alpha_1 = 1.59 \end{cases} \Rightarrow \begin{cases} d_{010} = R_{10}\alpha_{10} = 1.90\text{mm} \\ d_{06} = R_6\alpha_6 = 1.75\text{mm} \\ d_{01} = R_1\alpha_1 = 1.59\text{mm} \end{cases} \qquad (15.189)$$

这里，看到 d_0 的值介于 1~2mm 之间，这是复合材料飞机结构的通常典型值。当然，如果点应力法是完美的，将会给出所有孔的半径，如果可能，对所有的铺层顺序和层合板的厚度找到相对应的 d_0 值。通常，现实情况与人们所希望适合的小模型相比更复杂。在工业领域中，通常根据使用中的半径和铺层顺序来构建 d_0 的图表。

15.12 多螺栓复合材料接头

问题 1（图 15.31）

首先评估板 1 的平滑区域（即螺栓接头区域外）的尺寸。问题归结为找

到抵抗合成力 $N_x = 1500\text{N/mm}$ 和 $N_y = 1000\text{N/mm}$ 的铺层顺序。可以证明，该铺层顺序 $[45°, -45°, 0°, 90°, 0°_{0.5}]_S$（因此为9层，总厚度2.25mm）是合适的，并使用山田善准则给出：

(1) 对于0°的层，RF = 1.24。

(2) 对于90°的层，RF = 1.78。

(3) 对于45°的层，RF = 1.43。

(4) 对于-45°的层，RF = 1.43。

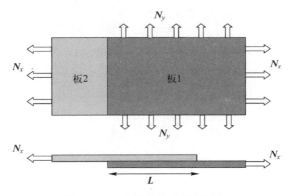

图 15.31　多螺栓复合材料接头

现在来确定板2在平滑区域的尺寸。问题归结为找到能够抵抗合成力 $N_x = 1500\text{N/mm}$ 的铺层顺序。可以证明，铺层顺序 $[45°, -45°, 0°, 90°, 0°_{0.5}]_S$（因此为9层，总厚度2.25mm）仍然适用，并使用山田善准则给出：

(1) 对于0°的层，RF = 1.00。

(2) 对于90°的层，RF = 3.22。

(3) 对于45°的层，RF = 1.13。

(4) 对于-45°的层，RF = 1.13。

令人惊讶的是，当沿 y 方向的合成力为0时，看到0°和±45°方向层的安全因子RF减小。这相当于是个常识，部分解释了为什么总是要求在每个方向上有10%的铺层，而不必验证所有中间载荷和最大载荷的线性组合。

现在将重点放在螺栓节点区域。首先选择间距，即两个连续孔之间的距离。实际上，间距必须至少等于所有方向上孔直径的4倍左右，这里选择使用 $4D$ 的间距（典型值，常用于航空）：

$$\frac{W}{D} = 4 \tag{15.190}$$

式中: D 为孔的直径（因此也是铆钉的直径）; W 为两个连续铆钉之间的间距。接下来，可以确定等效应力 σ_x^{eq}，是由无孔时导致相同程度损伤（甚至 RF）的应力来定义（第 11 章）:

$$\sigma_x^{eq} = \frac{\sigma_x^{net} + K_b \sigma_b}{\alpha} \tag{15.191}$$

尽管如此，需要注意板的厚度，因为在平滑区域与接头区域之间厚度可能是不同的（经常增加多螺栓接头的厚度以承担接头处引起的过载）。将 e^j 表示为接头区域的厚度，可以确定接头处的净应力:

$$\sigma_x^{net} = \frac{W}{W-D}\sigma_x^\infty = \frac{W}{W-D}\frac{N_x}{e^j} \tag{15.192}$$

式中: α 为孔比（有孔应力极限与无孔应力极限之比）。因此，对于拉伸应力的情况:

$$\alpha = \alpha_t \approx 0.6 \tag{15.193}$$

式中: K_b 为挤压比（第 11 章）:

$$K_b \approx 0.2 \tag{15.194}$$

而挤压应力 σ_b 定义为

$$\sigma_b = \frac{F_{rivet}}{De^j} \tag{15.195}$$

式中: F_{rivet} 为每个铆钉传递的承载力（这个力取决于铆钉的数量）。为了确定这个承载力，需要知道铆钉的数量。首先选择两个铆钉情况（如果不够，会增加铆钉的数量）。因此，会有 50% 的力传导到第一个铆钉, 50% 的力传导到第二个铆钉，或者:

$$\sigma_b = \frac{F_{rivet}}{De^j} = \frac{N_x W}{2De^j} \tag{15.196}$$

这里得

$$N_x^{eq} = \sigma_x^{eq} e^j = \left(\frac{W}{W-D} + \frac{K_b W}{2D}\right)\frac{N_x}{\alpha} = 2.89 N_x \tag{15.197}$$

沿 y 方向，问题很简单，力不再通过铆钉而仅通过板 1，则得

$$N_y^{eq} = \sigma_y^{eq} e^j = \frac{W}{W-D}\frac{N_y}{\alpha} = 2.22 N_y \tag{15.198}$$

因此，板 1 在接头区域受到的等效合成力为

$$\begin{cases} N_x^{eq} = \sigma_x^{eq} e^j = 2.89 N_x = 4333 N/mm \\ N_y^{eq} = \sigma_y^{eq} e^j = 2.22 N_y = 2222 N/mm \end{cases} \tag{15.199}$$

式中：e^j 为接头区域板的厚度，因此这个厚度与先前确定的当前区域的厚度不同（可能会更厚）。还要注意，为了确定能够抵抗这种载荷的铺层顺序，需要在这个铺层顺序和平滑区域之间施加连续性（通过施行铺层脱落来实现）。因此，重要的是保持之前的层并添加其他层来承担此载荷。可以证明，铺层顺序 $[45°,-45°,0°_2,90°,0°_2,90°,0°_{1.5}]_S$（因此，19 层，总厚度为 4.75mm）适合这两个板，并给出安全因子 RF，对于板 1：

(1) 对于 0°的层，RF = 1.16。
(2) 对于 90°的层，RF = 1.15。
(3) 对于 45°的层，RF = 1.16。
(4) 对于 -45°的层，RF = 1.16。

对于板 2：

(1) 对于 0°的层，RF = 1.06。
(2) 对于 90°的层，RF = 5.30。
(3) 对于 45°的层，RF = 1.24。
(4) 对于 -45°的层，RF = 1.24。

然后需要证明这种铺层顺序能够抵抗所承担的载荷，该承担载荷对应于铆钉中通过的最大载荷。因此，在这里：

$$\sigma_b = \frac{F_{rivet}}{De^j} = \frac{N_x W}{2De^j} = 631\text{MPa} \tag{15.200}$$

知道该应力必须保持在所承载的极限应力以下，对于所考虑的 T300/914，极限应力大约为 600MPa（或具体为 -600MPa，因为是压缩的情况）。因此，此条件并未完全满足，但如果再添加一个层，例如在 0°方向，对于诸如 $[45°,0°,-45°,0°_2,90°,0°_2,90°,0°]_S$（因此，20 层和总厚度为 5mm），并遵守以下条件：

$$\sigma_b = \frac{F_{rivet}}{De^j} = \frac{N_x W}{2De^j} = 600\text{MPa} \leqslant \sigma_b^l \tag{15.201}$$

可以证明，安全因子 RF 仍然高于 1。

要完成确定多螺栓接头，剩下的就是选择板边缘处的孔距、边距。例如，可以使用等于 $3D$（3 倍孔直径）的边距（图 15.32）。

问题 2

在接头中采用与平滑区域相同的铺层顺序当然没有意义。因此，将不得不施行铺层脱落以从一种铺层顺序转到另一种铺层顺序，如图 15.33 所示。

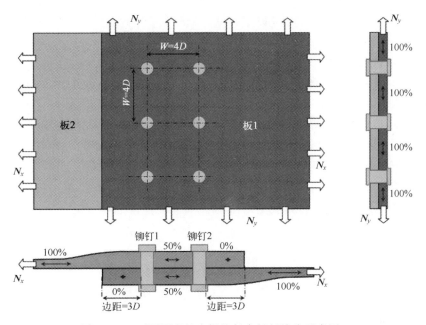

图 15.32　不同厚度的多螺栓复合材料接头示意图

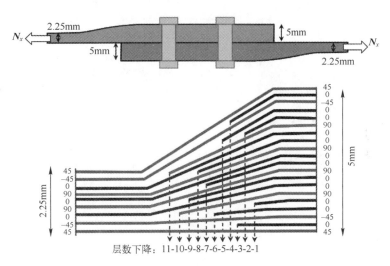

图 15.33　多螺栓接头边缘的铺层脱落

在图 15.33 中，选择以准对称的方式执行这些铺层脱落，而实际情况并非总是如此。铺层脱落的规则超出了本书的范围，好奇的读者可以参考文献 [11，27] 了解更多详细信息。尽管如此，有两个主要规则要保留下来：

(1) 应该在整个厚度上铺层脱落,并执行大约 1/20 的斜率,因此,对于 0.25mm 的层厚,两个连续的层落差之间的距离为 5mm。在目前情况下,需要大约 55mm 的距离来中断 11 层脱落。

(2) 如果可能,每个脱落层需要由连续层覆盖(这条规则通常很难遵守,实际上也并非如此)。

实际上,铺层脱落的真实几何形状当然比相应的图表更复杂。例如,图 15.32 是可以观察到的真实铺层脱落和理论上的铺层脱落之间的差异[1]。

最好在距离传力平面尽可能远的地方执行这些铺层脱落,以避免在接头中产生弯矩。在图 15.34 中,由于两个板的中间平面存在间隙,在接头处施加的力矩总和不为 0。因此,还要更好地对齐两个层合板中间平板,以避免产生这种寄生力矩(图 15.35)。

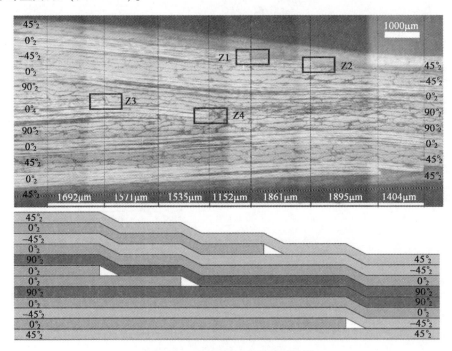

图 15.34 真实和理论铺层脱落[1]

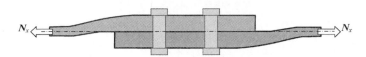

图 15.35 中间板对齐的多螺栓接头

即使在现实中，通常还要用加强筋来承担这个弯矩（图 15.36）。由于在航空中通常有很多加强筋，实际上总是要确保接头处与加强筋相互吻合。

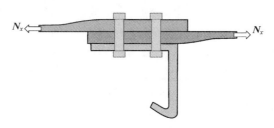

图 15.36　带加强筋的多螺栓接头

参 考 文 献

[1] [ABD 15] ABDULHAMID H., Etude de la tolérance aux dommages d'impact sur structure composite en zone de reprise de plis, Thesis, University of Toulouse/ISAE, 2015.

[2] [ABI 08] ABI ABDALLAH E., Optimisation de tubes composites en compression à la tolérance aux dommages, Thesis, University of Toulouse/ISAE, 2008.

[3] [ABR 98] ABRATE S., Impact on Composites Structures, Cambridge University Press, 1998.

[4] [AGA 08] AGATI P., LEROUGE F., ROSSETTO M., Résistance des matériaux: Cours, exercices et applications industrielles, Dunod, 2008.

[5] [ALI 97] ALIF N., CARLSSON L. A., "Failure mechanisms of woven carbon and glass composites", Composite materials, Fatigue and Fracture, vol. 6, ASTM STP 1285, pp. 471–493, 1997.

[6] [ASH 00a] ASHBY M. F., JONES D. R. H., Matériaux, tome 1: propriétés, applications et conception, Dunod, 2000.

[7] [ASH 00b] ASHBY M. F., JONES D. R. H., Matériaux, tome 2: microstructure et mise en œuvre, Dunod, 2000.

[8] [AST 05] ASTM D7137/D7137M, Standard Test Method for Compressive Residual Strength Properties of Damaged Polymer Matrix Composite Plates, ASTM, 2005.

[9] [BAM 08] BAMBEGER Y., VOLDOIRE F., Mécanique des structures: Initiations, approfondissements, applications, Presses des Ponts et Chaussées, 2008.

[10] [BAT 13] BATHIAS C., Matériaux composites, Dunod, 2013.

[11] [BER 99] BERTHELOT J. M., Matériaux composites, Tec & Doc, 1999.

[12] [BIZ 09] BIZEUL M., Contribution à l'étude de la propagation de coupures en fatigue dans les revêtements composites tissés minces, Thesis, University of Toulouse/ISAE, 2009.

[13] [BOU 09] BOUVET C., CASTANIE B., BIZEUL M. et al., "Low velocity impact modeling in laminate composite panels with discrete interface elements", International Journal of Solids and Structures, vol. 46, pp. 2809–2821, 2009.

[14] [BOU 16] BOUVET C., "Tolérance aux dommages d'impact des structures composites aéronautiques", Techniques de l'ingénieur, 2016.

[15] [CAS 13] CASTANIE B., BOUVET C., GUEDRA-DEGEORGES D., "Structures en matériaux composites stratifiés", Techniques de l'ingénieur, 2013.

[16] [CHA 87] CHANG F. K., CHANG K. Y., "A progressive damage model for laminated composites containing stress concentrations", Journal of Composite Materials, vol. 21, no. 9, pp. 834–855, 1987.

[17] [CHE 08] CHEVALIER L., Mécanique des systèmes et des milieux déformables: Cours, exercices et problèmes corrigés, Ellipses, 2008.

[18] [CHO 92] CHOI H. Y., CHANG F. K., "A model for predicting damage in graphite/expoxy laminated compos-

ites resulting from low-velocity point impact", Journal of Composite Materials, vol. 26, no. 14, pp. 2134–2169, 1992.

[19] [DAN 94] DANIEL I. M., ISHAI O., Engineering Mechanics of Composite Materials, Oxford University Press, 1994.

[20] [DEC 00] DECOLON C., Structures Composites, Hermès, 2000.

[21] [DEQ 12] DEQUATREMARE M., DEVERS T., Précis des matériaux, Dunod, 2012.

[22] [DOR 86] DORLOT J. M., BAÏLON J. P., MASOUNAVE J., Des matériaux, École Polytechnique de Montréal, 1986.

[23] [ESD 95] ESDU, "Buckling of rectangular specially orthotropic plates", available at: www.esdu.com, 1995.

[24] [EVE 99] EVE O., Etude du comportement des structures composites endommagées par un impact basse vitesse-applications aux structures aéronautiques, PhD Thesis, University of Metz, 1999.

[25] [FED 78] FEDERAL AVIATION ADMINISTRATION 25 (FAR25), Damage tolerance and fatigue evaluation of structure, Advisory Circular 25.571, 1978.

[26] [FED 88] FEDERAL AVIATION REQUIREMENT, "Equipment, systems and installations", Advisory Circular (AC) 25.1309, available at: www.faa.gov/, 1988.

[27] [GAY 97] GAY D., Matériaux composites, Hermès, 1997.

[28] [GER 57] GERARD G., BECKER H., Handbook of Structural Stability, National Advisory Committee for Aeronautics (NACA), Washington, DC, 1957.

[29] [GON 12] GONZÁLEZ E. V., MAIMÍ P., CAMANHO P. P. et al., "Simulation of dropweight impact and compression after impact tests on composite laminates", Composite Structures, vol. 94, pp. 3364–3378, 2012.

[30] [HEX 16] HEXCEL COMPANY, "Hexcel product data of the M21 epoxy resin", available at: www.hexcel.com/Resources/DataSheets/Prepreg-Data-Sheets/914_eu.pdf, 2016.

[31] [JOI 78] JOINT AIRWORTHINESS REQUIREMENTS 25 (JAR25), Part 1: requirements, Part 2: acceptable means of compliance and interpretations (for composite structures: JAR25 § 25.603 and ACJ 25.603), 1978.

[32] [PET 05] PETIT S., Contribution à l'étude de l'influence d'une protection thermique sur la tolérance aux dommages des structures composites de lanceurs, Thesis, University of Toulouse/ISAE, 2005.

[33] [PIN 06] PINHO S. T., ROBINSON P., IANNUCCI L., "Fracture toughness of the tensile and compressive fibre failure modes in laminates composites", Composites Science and Technology, vol. 66, pp. 2069–2079, 2006.

[34] [ROG 08] ROGERS C. E., GREENHALGH E. S., ROBINSON P., "Developing a mode II fracture model for composite laminates", ECCM13, Stockholm, Sweden, 2–5 June 2008.

[35] [ROU 95] ROUCHON J., Fatigue and Damage Tolerance Aspects for Composite Aircraft Structures, Proceedings of the ICAF Symposium, ICAF-DOC-2051, Delft, The Netherlands, 1995.

[36] [SES 04] SESANIO J., Matériaux composites à matrice organique, Presses Polytechniques et Universités Romandes, 2004.

[37] [SOD 04] SODEN P. D., KADDOUR A. S., HINTON M. J., "Recommendations for designers and researchers resulting from the world-wide failure exercise", Composites Science and Technology, vol. 64, pp. 589–604, 2004.

[38] [TAN 15] TAN W., FALZON B. G., CHIU L. N. S. et al., "Predicting low velocity impact damage and Compression-After-Impact behaviour of composite laminates", Composites Part A: Applied Science and Manufacturing, vol. 71, pp. 212-226, 2015.

[39] [TOR 16] TORAY CARBON FIBERS AMERICA COMPANY, "TORAYCA datasheet of the T300 carbon fiber", available at: www.toraycfa.com/pdfs/T300DataSheet.pdf, 2016.

[40] [TRO 94] TROPIS A., THOMAS M., BOUNIE J. L. et al., "Certification of the composite outer wing of the ATR72", Journal of Aerospace Engineering, Proceedings of the Institution of Mechanical Engineers Part G, vol. 209, pp. 327-339, 1994.

[41] [US 97] US MILITARY HANDBOOK MIL-HDBK-17, Composite Material Handbooks, Department of Defense of USA, 1997.

[42] [WIS 12] WISNOM M. R., "The role of delamination in failure of fibre-reinforced composites", Philosophical Transaction of the Royal Society, vol. 370, pp. 1850-1870, 2012.

[43] [XU 14] XU X., WISNOM M. R., MAHADIK Y. et al., "An experimental investigation into size effects in quasi-isotropic carbon/epoxy laminates with sharp and blunt notches", Composites Science and Technology, vol. 100, pp. 220-227, 2014.

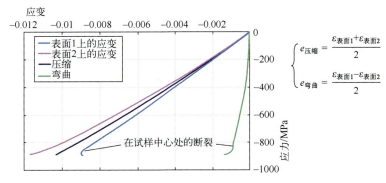

图4.8 单向复合材料的纵向压缩试验[2]